8
1964

Faserforschung und Textiltechnik

WISSENSCHAFTLICH-TECHNISCHE ZEITSCHRIFT
FÜR DIE CHEMIEFASER- UND TEXTILINDUSTRIE

BEGRUNDET VON
ERICH CORRENS UND WALTER FRENZEL

HERAUSGEGEBEN VON ERICH CORRENS –
WOLFGANG BOBETH – HANS BÖHRINGER – HERMANN KLARE

AUS DEM INHALT

AKADEMIE-VERLAG BERLIN

Faserforsch. u. Textiltechn. · 15. Jahrg. · Heft 8 · Seiten 337–398 · Berlin im August 1964

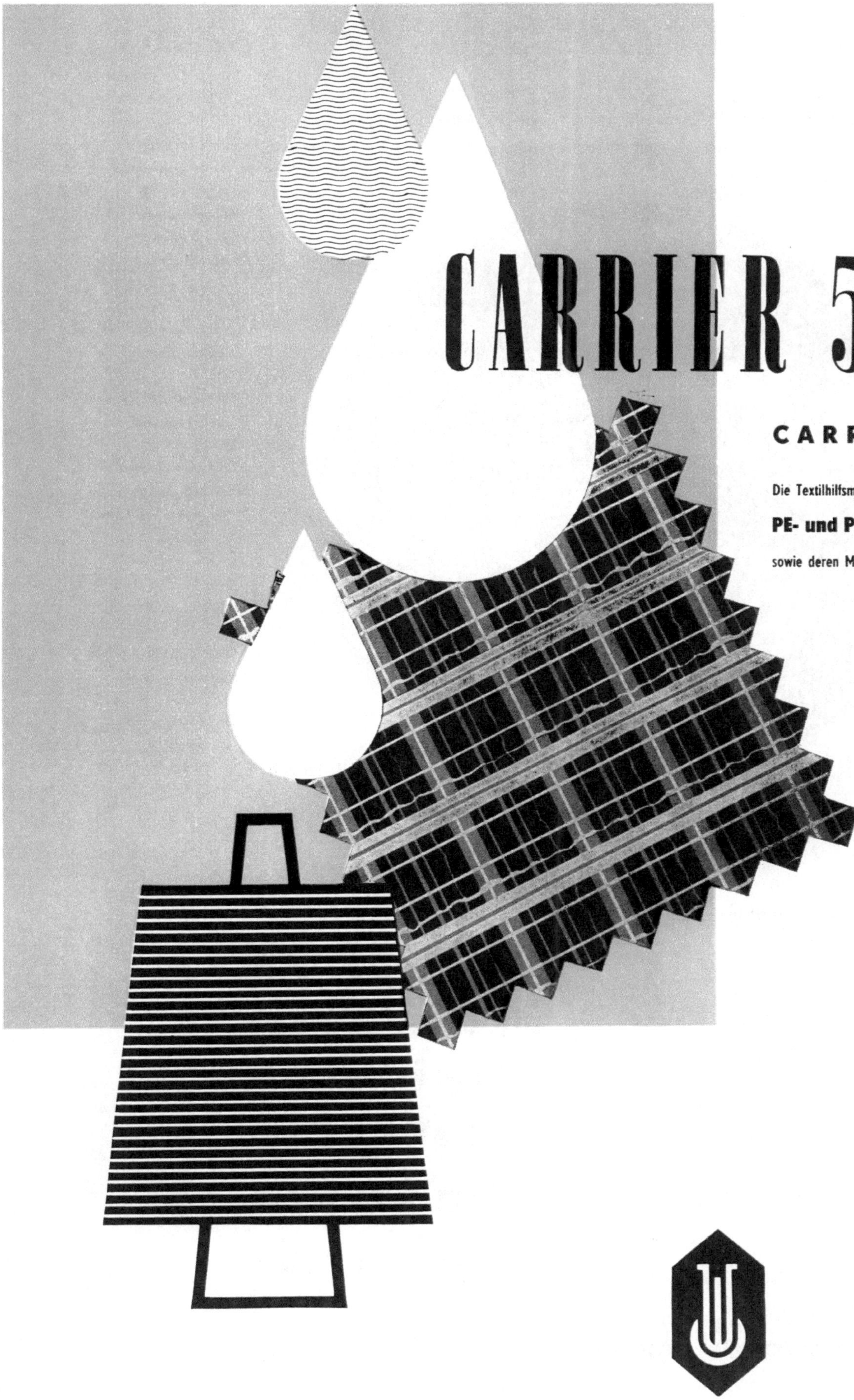

Faserforschung und Textiltechnik

8
1964

WISSENSCHAFTLICH-TECHNISCHE ZEITSCHRIFT FÜR DIE CHEMIEFASER- UND TEXTILINDUSTRIE

BEGRÜNDET VON
ERICH CORRENS UND WALTER FRENZEL

HERAUSGEGEBEN VON E. CORRENS – W. BOBETH – H. BÖHRINGER – H. KLARE

SCHRIFTLEITER J. BRÄMER

INHALT

Die Zeitschrift „Faserforschung und Textiltechnik“ erscheint monatlich in Heften zu 48 Textseiten im Format A 4. Der Preis für das Einzelheft beträgt DM 9,–, für den Vierteljahrbezug DM 27,– zuzügl. Bestellgeld. Die Berechnung erfolgt zu Beginn eines Vierteljahrs für 3 Hefte. Bestellungen aus dem Gebiet der Deutschen Demokratischen Republik an ein Postamt, eine Buchhandlung oder den Verlag, aus der Deutschen Bundesrepublik an eine Buchhandlung oder die Auslieferungsstelle Kunst und Wissen. Erich Bieber, Stuttgart S, Wilhelmstraße 4–6, aus dem Ausland an eine Importbuchhandlung, den Deutschen Buch-Export und -Import, GmbH., Leipzig C 1, Postschließfach 276, oder den Akademie-Verlag GmbH., Berlin W 8, Leipziger Str. 3–4 (Fernruf: 220441; Telex-Nr. 011773; Postscheckkonto 35021) erbeten. Bestellnummer dieses Heftes: 1014/15/8. Alleinige Anzeigenannahme DEWAG-WERBUNG, Berlin C 2, Rosenthaler Str. 28/31, und alle DEWAG-Betriebe in den Bezirksstädten der DDR.

Bestellungen in der UdSSR nehmen entgegen: Städtische Abteilungen von „SOJUZPECHATJ“ bzw. Postämter und Postkontore.

Herausgeber und verantwortlich für den Inhalt: Prof. Dr. Erich Correns, Institut für Faserstoff-Forschung der Deutschen Akademie der Wissenschaften zu Berlin. Teltow-Seehof, Fernruf: Teltow 4431; Prof. Dr.-Ing. habil. Wolfgang Bobeth, Institut für Technologie der Fasern der Deutschen Akademie der Wissenschaften zu Berlin. Dresden A 1, Hohe Str. 6, Fernruf: Dresden 40837: Prof. Dr.-Ing. Hans Böhringer, Institut für Textiltechnologie der Chemiefasern Rudolstadt. Fernruf: Rudolstadt 2031; Prof. Dr. Hermann Klare, Institut für Faserstoff-Forschung der Deutschen Akademie der Wissenschaften zu Berlin. Teltow-Seehof. Fernruf: Teltow 4431. Schriftleiter: Joachim Brämer, Teltow-Seehof, Kantstr. 55. Verlag: Akademie-Verlag GmbH., Berlin W 8, Leipziger Str. 3–4. Satz und Druck: Druckhaus „Maxim Gorki“, Altenburg. – Veröffentlicht unter der Lizenznummer 1280 des Presseamtes beim Vorsitzenden des Ministerrates der Deutschen Demokratischen Republik.

Manuskriptsendungen von chemischen Beiträgen sind an die Herren Pr. Dr. Correns oder Prof. Dr. Klare, von technologischen Beiträgen an die Herren Prof. Dr. Bobeth oder Prof. Dr. Böhringer zu richten. Für Inhalt und Form gelten die „Richtlinien für die Annahme und Abfassung von Beiträgen“, erhältlich von der Schriftleitung. Die Verfasser größerer wissenschaftlicher Arbeiten erhalten außer dem Honorar ein Heft und 50 Sonderdrucke ihrer Arbeit unentgeltlich.

ALLEINIGE ANZEIGENANNAHME:

DEWAG-Werbung, Berlin C 2, Rosenthaler Str. 28–31, Ruf 42 55 91, und alle DEWAG-Betriebe in den Bezirksstädten der Deutschen Demokratischen Republik

Faserforschung und Textiltechnik

WISSENSCHAFTLICH-TECHNISCHE ZEITSCHRIFT FÜR DIE CHEMIEFASER- UND TEXTILINDUSTRIE

Band 15 August 1964 Heft 8

Zum Geleit

Aus Anlaß des zehnjährigen Bestehens des

Instituts für Textiltechnologie der Chemiefasern

in Rudolstadt-Schwarza enthält das vorliegende Heft einen kurzen Überblick über Entstehung und Aufgaben des Instituts und eine Reihe von Veröffentlichungen seiner Mitarbeiter.

Zwischen dem Institut und der „Faserforschung und Textiltechnik" entstanden bald enge Beziehungen durch die Veröffentlichung der wissenschaftlichen Arbeitsergebnisse in unserer Zeitschrift. Diese Verbundenheit fand durch die Aufnahme des Institutsdirektors, Professor Dr.-Ing. Hans Böhringer, in das Herausgeberkollektiv eine feste Verankerung.

Dem Institut für Textiltechnologie der Chemiefasern und seinen Mitarbeitern sprechen wir unsere Glückwünsche zu dem seit Bestehen des Instituts Geleisteten aus und wünschen ihnen weitere Erfolge für die kommenden Jahre.

Im Namen der Herausgeber

Erich Correns

10 Jahre Institut für Textiltechnologie der Chemiefasern

Die Gründung des ITC als ein wissenschaftliches Instrument des Industriezweiges Chemiefaser mit Sitz Rudolstadt erfolgte vor 10 Jahren angesichts der raschen Chemiefaserentwicklung in der Welt. Diese Situation forderte ein umfassendes Studium des Qualitätsfortschrittes mit der Konzeption einer optimalen Gestaltung der Fasergüte, der Verarbeitbarkeit und des Gebrauchswertes.

Die Aufgabenstellung des Institutes erheischte eine Arbeitsstruktur mit zwei Komplexen, einem Laboratoriumsblock mit textilphysikalischen und textilchemischen Einrichtungen und einem Technikum, das in seinen Versuchsanlagen die Textilindustrie in Kleinformat darstellte. Eigenständige Abteilungen wie Dokumentation, Tragversuche und Technik ergänzten die Gesamteinrichtung. Sämtliche Arbeitsstellen waren organisch miteinander zu verflechten, eine Voraussetzung für den Arbeitsfluß, der die Möglichkeit bot, einen Chemiefaserstoff in meßtechnischer Analyse zu verfolgen in statu nascendi, in den Eigenschaften der Fasersubstanz und des Faserkörpers, über die Verarbeitbarkeit und Ausrüstung sowie das Verhalten im praktischen Gebrauch bis zum Verschleiß.

Aus Forschungs- und Entwicklungsarbeiten ergaben sich vier Arbeitsrichtungen:

1. Entwicklungen zur Chemiefasertechnologie,
2. Bearbeitung prüfungstechnischer Probleme,
3. Verarbeitungsprüfung der Chemiefaserstoffe,
4. Gebrauchswertprüfung von Bekleidungstextilien und technischen Erzeugnissen,

aus denen nachstehend einige Ergebnisse angeführt werden.

Entwicklungen zur Chemiefasertechnologie

Die Texturlosigkeit der Polyamidfaserstoffe war ein empfindlicher technologischer Mangel, der sich in geminderter Verzugsfähigkeit bei der Garnherstellung, ungenügender Schiebefestigkeit von Seidengeweben, Zugstellenempfindlichkeit feiner Wirkwaren und Vernoppung von Textilien aus Fasergarn auswirkte. Dieser große Nachteil war Anlaß zur Gestaltung von *Profilfasern*, denen bald die *Hohlprofilfasern* folgten. Während die reine Profilgebung die genannten Mängel weitgehend beseitigte, brachten die Hohlprofilfasern erhebliche Vorteile. Nicht nur die Fülligkeit und die damit verbundene Wärmehaltigkeit erfuhren eine erhebliche Steigerung, sondern auch die Standfestigkeit der lappigen Fasern und die Kräuselung konnten wesentlich verbessert werden. Aus der Hohlraumgebung resultierte zusätzlich eine Verminderung des Warengewichtes bzw. eine Rohstoffeinsparung bis zu 40%. Die Gebrauchstüchtigkeit der aus Polyamidfaserstoffen hergestellten Textilien wurde erheblich gesteigert, die Repräsentationsgüte beachtlich verbessert. Die Einsatzgebiete erfuhren eine bedeutsame Erweiterung. Die an Polyamidfaserstoffen gesammelten Erfahrungen wurden laufend auf Polyester übertragen. Inzwischen sind die Profil- und Hohlprofilfaserstoffe in der ganzen Welt bekannt geworden.

Die Aufmachung der Zellwolle war für den Weiterverarbeiter unbefriedigend. Öffnungsgrad, Standfestigkeit und Kräuselungsbeständigkeit waren mangelhaft. Unter Einbeziehung von Titer, Schnittlänge, Abschlag- und Öffnungswalzen, mechanische Aufschwemmung, Sauer- und Neutralschnitt sowie Präparationsmethoden und Öffnungsverfahren wurde eine *Nachbehandlungstechnologie* entwickelt, die dem Faserhersteller zur Nutzung empfohlen werden konnte.

Umfangreiche Arbeiten an Polyamid-, Polyester- und Polyacrylnitrilfaserstoffen führten zu Ergebnissen und Erkenntnissen, die die *Fixierungstechnologien* in den Chemiefaserwerken wesentlich beeinflußten und direkt oder in modifizierter Form Eingang fanden.

Bearbeitung prüftechnischer Probleme

Das Weltproblem der *optimalen Verstreckung* von Chemiefaserstoffen beschäftigte das ITC von Anbeginn seiner Tätigkeit. In der Materialprüftechnik hat sich die Erkenntnis durchgesetzt, daß ein Werkstoff bei hohem Verzug versprödet. Nach Durchlaufen eines ausgezeichneten Bereiches, der mit Verstreckungsoptimum bezeichnet wurde, beginnt im System Verstreckung/Materialeigenschaft die Zone der Überstreckung. Polyamidverstreckungsreihen insbesondere dienten zum Studium des Verstreckungsproblems. Von der Arbeitshypothese ausgehend, daß die Meßwerte von Materialeigenschaften in Abhängigkeit von der Verstreckung im optimalen Verstreckungsbereich ein Kurvenmaximum oder -minimum bzw. einen Wendepunkt aufweisen, wurde eine Reihe von Methoden entwickelt, die auf diese Charakteristika ansprechen. Folgende strukturabhängige Eigenschaften als Funktion der Verstreckung sind gegenwärtig prüfbar: Kristallit-Orientierung, Mantel-Kernverhältnis, Längenänderung in Phenollösung, Dauerbiegefestigkeit, Schlingenscheuerung, Arbeitsvermögen sowie Ermüdungs- und Erholungserscheinungen. Auf dem Gebiet des Prüfgerätebaues ergaben sich dabei zwangsläufig Neuentwicklungen, wie einen dynamischen Biegeprüfer für Einzelfasern, Scheuergeräte für Einzelfasern sowie ein automatischer Arbeitsintegrator. Der erörterte Forschungskomplex umfaßt z. T. eine Entwicklungsrichtung, die sich mit dem Begriff *Gütedominanten* verbindet. Man versteht darunter die charakteristischen Qualitätsmerkmale, die zur Gütebeurteilung eines Chemiefaserstoffes in seinen verschiedenen Einsatzgebieten heranzuziehen sind. Zu den im vorigen Absatz genannten Eigenschaften gehören als Gütedominanten Dauerbiegefestigkeit, Schlingenscheuerung, Arbeitsvermögen, Ermüdung und Erholung. Chemiefasererzeugnisse, die für Bekleidungstextilien Verwendung finden, erfordern zusätzlich Beurteilungsmerkmale wie Standfestigkeit, Kräuselung, Bauschigkeit, Schrumpfung. Bei Cordseiden für technische Textilien dominiert die Ermüdungsbeständigkeit, für deren Ermittlung ein Dehnungspulsator und ein Stauchvibrator gebaut wurden. Zu sämtlichen Qualitätscharakteristiken konnten Prüfverfahren mit geeigneten Meßgeräten geschaffen werden, wobei die Forderung bestand, die Meßwerte einerseits in physikalisch einwandfreier Dimension auszudrücken, andererseits mit einer Genauigkeit von $\pm 1\%$ zu reproduzieren. Diese Bedingung wurde weitgehend erfüllt.

Die meßtechnische Erfassung der *Fehlermerkmale* der Chemiefasern und -seiden mit dem Problem der Vertrauenswürdigkeit nahm einen breiten Rahmen der Forschungstätigkeit ein. Bevorzugte Bearbeitung fand die Kennzeichnung von Spinnfehlern wie Verklebungen, dicke Fasern, unverstreckte Stellen, abnorme Querschnitte von Chemiefasern. Ein neues, automatisch arbeitendes Stapelsortiergerät schloß eine empfindliche Lücke auf dem Gebiet der Faserlängenmessung. In diese Kategorie gehört auch die Entwicklung einer Faserbündelklemme, eines Dehnungsmeßgerätes und des Drehmomentenschlüssels.

Der Fehlerermittlung bei Chemieseiden wurde besonderes Augenmerk geschenkt, wobei Elementarfadenbrüche, Flusen und Masern methodisch erfaßt werden konnten. Die Bestimmung des Variationskoeffizienten der Seidenfeinheit fand eine Erweiterung in der Ausarbeitung von Spektrogrammen und Längenvariationskurven. Die grafische Darstellung der Seidenungleichmäßigkeit fand ihren Niederschlag in Konstruktion und Bau von Vorrichtungen, die nach dem photoelektrischen, pneumatischen und optischen Prinzip arbeiten.

Die Kenntnis, daß u. a. *chemische Methoden* Schlüsse auf die Feinstruktur von Faserstoffen zulassen, waren Anlaß zu Studien über Farbstoffaufnahme, Jodsorption, kritische Quellungszeit, Längenänderung durch Reagenzien. Umfangreiche Arbeiten galten dem thermischen Verhalten der Zelluloseregenerate und der Synthetika. Mittels übersichtlicher Kurvenscharen wurde der thermische Einfluß auf markante textile Eigenschaften festgehalten. An mattierter Viskose- und Polyamidseide konnte gezeigt werden, daß mit steigendem TiO_2-Gehalt der Durchschnitts-Polymerisationsgrad linear abnimmt. Präparationsuntersuchungen galten der Verarbeitbarkeit der Chemiefaserstoffe. Zur Bestimmung der Präparationsauflage wurden Methoden der Extraktion, der Badverarmung, des Anfärbens und des Differenzverfahrens als geeignet erkannt. Zur Identifizierung von Chemiefaserstoffen wurde die Papyrographie herangezogen.

Die Methoden der *mathematischen Statistik* fanden in zahlreichen Serienuntersuchungen Anwendung. Statistische Verteilungen, Korrelationen und Kontrollkarten waren wertvolle Arbeitsmittel. Die Operationscharakteristik diente als Grundlage der Gütekontrolle. Die Tragversuchsmethodik wurde wesentlich von den statistischen Methoden beeinflußt.

Verarbeitungsprüfung der Chemiefaserstoffe

Die Konzeption, die in der Entwicklung begriffenen Chemiefaserstoffe bis zum Prototyp für die weiterverarbeitende Industrie zu testen, zwang zu einer systematischen Ermittlung der Verarbeitbarkeit in Spinnerei, Weberei, Wirkerei/Strickerei und Veredlung. Hierbei war es notwendig, unter dem Aspekt einer weitgehenden Faserschonung Optimaltechnologien in den verschiedenen Verarbeitungsstufen zu entwickeln. Aus dieser Tätigkeit resultierte eine Anzahl von Verarbeitungsmaschinen und Vorrichtungen. Zur Vermeidung von Noppen im Krempelvlies wurde die Zellwollkrempel mit Querverzugseinrichtung geschaffen, die gegebenenfalls den Kämmprozeß entbehrlich werden läßt. Der neu entwickelte Hechelfeldflyer bewirkte bei Verringerung von Fadenbrüchen die Herstellung gleichmäßiger Garne. Streckwerkverbesserungen und die Entwicklung eines Gerätes zur Ermittlung des Verzugswiderstandes von Bändern und Lunten trugen zur Verbesserung der Spinntechnologie bei, die zu einem anerkannten Kurzspinnverfahren in der Kammgarnspinnerei führte. Auf dem Gebiet der Weberei wurde ein Polyamidpicker entwickelt, der einerseits eine mehrfache Lebensdauer gegenüber dem bisher verwendeten Büffelleder besitzt, andererseits der Schmutzanfälligkeit von Feingeweben aus synthetischen Seiden Rechnung trägt. In der Wirkerei konnte ein neuartiger Samt für Polsterbezugsstoffe und Fußbodenbelag geschaffen werden. Auf dem weiten Gebiet der Textilveredlung war ein Schwerpunkt die optimale Fixierung, Färbung und Ausrüstung von Geweben und Gewirken aus Synthetika. In diesem Zusammenhang entstanden Fixierungs- und Schrumpfverfahren, die in der Textilindustrie Eingang fanden.

Eine spezielle Arbeitsrichtung entwickelte sich auf dem Gebiet der elektrostatischen Aufladung von Chemiefaserstoffen bei deren Verarbeitung. Verschiedene Prinzipien und Vorrichtungen wurden erarbeitet, die zu einem Integrations- und Differenzmeßkopf führten mit der Messung der Ladung von Textilien über Influenz. Grenzwerte der elektrostatischen Aufladung für störungsfreien Ablauf bei der Verarbeitung konnten festgelegt und ein Elektrostatik-Reibungstester geschaffen werden.

Die auf dem Gesamtgebiet der Verarbeitung und Veredlung durchgeführten Arbeiten mündeten teilweise bereits in die Standardisierung von Verarbeitbarkeitstechnologien mit Qualitätsmerkmalen und Qualitätskennwerten, die für die Güteentwicklung der Chemiefaserstoffe von entscheidender Bedeutung sind.

Das Institut für Textiltechnologie der Chemiefasern Rudolstadt-Schwarza

Gebrauchswertprüfung von Bekleidungstextilien und technischen Erzeugnissen

Die systematische Entwicklung der Tragversuchsmethodik für Bekleidungstextilien wurde besonders gepflegt. Basierend auf den Arbeiten in der Zeit des Aufbaues der Zellwollindustrie wurde der gesamte Themenkomplex umfassend behandelt. Neben Fragen der Gütebeurteilung erfolgte die Ausarbeitung von Schemata zur Beurteilung von Bekleidungsartikeln im praktischen Gebrauch, zunächst mit der exakten Bestimmung der Lebensdauer von Textilien. Die heute im Weltmaßstab angewandten drei Beurteilungskategorien Gebrauchstüchtigkeit, Repräsentationsgüte und physiologisches Verhalten mit ihren jeweiligen Beurteilungskomponenten ließen neben einer qualitativen Auswertung (Bewährungsversuche) auch eine quantitative Aussage zu. Auf dieser zahlenmäßig gut fundierten Grundlage, die gütemäßige Rangordnungen und Einstufungen für die Chemiefaserstoffe in ihren verschiedenen Einsatzgebieten zuließen, konnten Korrelationen zu sogenannten Gebrauchswertprüfapparaten aufgestellt werden, die über die Rangkorrelation zu einer Einteilung in drei Kategorien führten. Die Bemühungen um die Entwicklung von Apparaten, die bereits an der Einzelfaser das Gebrauchsverhalten in zweckbedingtem Sinne zu kennzeichnen gestatten, ließen als Erstgerät den Splittrigkeitsprüfer entstehen, mit dem der Wäscheverschleißwiderstandswert für Viskosefasern ermittelt wurde. Die Prüfung der Knitterneigung mittels des Knittererholungswinkels zeigte über die Streuungsanalyse die Vertrauenswürdigkeit der visuellen Methode in Übereinstimmung mit dem Meßwert. Zur Bestimmung der Biegefestigkeit und des Falles von Geweben als Komponenten des Griffes konnte eine Methode entwickelt werden, deren Ergebnisse mit der subjektiven Beurteilung klare Zusammenhänge schuf. — Das weite Feld der Umwelteinflüsse auf den Güteverfall fand weitgehend prüftechnisch Berücksichtigung, wobei optische Methoden auf gut fundierter physikalischer Grundlage einbezogen wurden. — In gleicher Weise wurden die Probleme der Reinigung sowohl auf dem Wäschereisektor als auch auf dem Gebiet der chemischen Behandlung umfassend bearbeitet, woraus wertvolle Ergebnisse und Erkenntnisse resultierten. — Die Wirksamkeit von Tragversuchsergebnissen führte zu einer größeren Anzahl von Thesen, die die Qualitätsentwicklung der Chemiefaserstoffe in weitem Sinne befruchtete.

Auf dem technischen Sektor wurden analoge Arbeiten durchgeführt. Im Mittelpunkt stand dabei die Reifencordseide mit dem System Gummi/Textil, das einerseits zu umfangreichen Studien von Präparation und Haftung zwang, andererseits Methoden und Geräte entwickeln ließ, die eine gute Übereinstimmung mit der Reifenlaufzeit ergab. Die Trennung zwischen markanten physikalischen und chemischen Einzelkomponenten ist eine Aufgabe, an der intensiv gearbeitet wird. Für die apparative Gebrauchswertprüfung ist das Ziel gesetzt, aus ihren Parametern die Güte eines textilen Erzeugnisses quantitativ zu kennzeichnen.

Die zehnjährige Tätigkeit des Institutes spiegelt sich unter anderem in 95 Originalstudien, 41 Patenten und weiteren 200 Beiträgen wider. Sämtliche grundlegenden wissenschaftlichen Arbeiten sind in der „Faserforschung und Textiltechnik" veröffentlicht.

H. Böhringer

Über Bauschigkeitsmessungen an Chemiefaserstoffen[1]

Walter Friedemann

82. Mitteilung aus dem Institut für Textiltechnologie der Chemiefasern, Rudolstadt-Schwarza

DK 539.383:539.58

Bei dem beschriebenen Meßprinzip und der entwickelten Vorrichtung dient die einer einstellbaren Kompression der Prüfprobe entgegenwirkende, wegarm gemessene Kraft als Meßzahl. Es werden Prüfmuster mit längsorientierten Fasern verwendet. Die von Flocken-, Band-, Zug-, Lunten- und Garnproben erhaltenen Ergebnisse harmonieren mit dem praktischen Bauschigkeitsverhalten.

К определению упругости химических волокон

Мерой упругости при описанном принципе измерения на разработанном приборе служит усилие, противодействующее определенному заданному усилию сжатиа, прилоненному к пробе. Это усилие замеряется при малой длине. Применялись образзы с продольно ориентированными волокнами. Полученные при испытании волокна, ленты, гребенного прочеса, ровницы и пряжи результаты соотвествуют наблюдаемой на практике упругости.

The Measurement of Bulkiness of Man-made Fibre Assemblies

A device has been developed and the measuring principle is described in which the force provoked by a predetermined compression of the bulk sample and measured on minimum path is used as a measure of bulkiness. Samples of longitudinally oriented fibres are investigated. The results obtained on samples from flocks, tops, rovings and yarns are consistent with the real bulkiness.

1 Einleitung

Die Bauschigkeit ist ein wichtiges Gütemerkmal für Textilgut, vor allem für Bekleidungstextilien. Besondere Bedeutung kommt dieser Eigenschaft bei der Entwicklung von Chemiefaserstoffen mit für bestimmte Verwendungszwecke gezielter Güte zu. Die reproduzierbare Messung der Bauschigkeit ist dabei dringende Notwendigkeit. Von einer solchen Meßmethode wird weitgehende Übereinstimmung der Ergebnisse mit dem Bauschigkeitsverhalten des Textilgutes in der Praxis bei den verschiedenen Aufmachungszuständen, z. B. Flocke, Strickgarn, Gestrick, Gewebe usw., gefordert. Aus der Literatur sind eine ganze Reihe Bauschigkeitsmeßverfahren für Faserflocken bekannt geworden, auf die zuerst kurz eingegangen wird.

Es ist festzustellen, daß die meisten Methoden das *Herzog*sche Prinzip [1] als Grundlage verwenden. Eine bestimmte Menge in möglichst ideale Wirrlage gebrachtes Fasergut wird in einem Gefäß mittels Kolben komprimiert und wieder entlastet. Die zuzuordnenden Volumina bilden die Berechnungsbasis. Verbesserte Methoden dieser Art verwenden zur Vermeidung von Randeffekten Stempel mit gegenüber dem Gefäß kleinerer Preßfläche und kombinieren die Methodik mit einem Zug-Dynamometer. Hierzu sind die Arbeiten von *de Mc Carty/Dusenbury* [2], von *Fok/Finzel* [3], *Vieth* [4] und anderen zu nennen. Bei letztgenannten Variationen werden die Kompressionszyklen grafisch registriert und sind damit einfacher auswertbar. Bei einem von *Rudolph* [5] beschriebenen Verfahren wird die Kompression des Prüflings bei jedem Zyklus automatisch um einen einstellbaren Betrag vermehrt. Bei der Methode nach *Eggert* [6, 7, 8] befindet sich der wirre Faserbausch in einem Gummibällchen und letzteres in einer Druckkammer. Zunächst werden Bällchen und Kammer evakuiert, dann wird die Volumenänderung des Bausches in Abhängigkeit vom in der Druckkammer eingestellten Überdruck bestimmt. Die Methode von *Schürmann* [9] verwendet das Solexverfahren und arbeitet mit zwei Druckkammern. Aus der Druckdifferenz wird die Faserfeinheit und aus der Kompressionskraft der Packungsmodul abgeleitet. Bei der Vorrichtung von *Henning* [10] wird die definierte Ausgangsschwingung eines Sekundenpendels von der in einer Kammer befindlichen Prüfprobe abgebremst. Die Anzahl Pendelschwingungen für einen bestimmten Winkelbereich dienen als Meßgröße. Nach *Kolb/Stanley/Billmeyer* [11] wird wirres Fasermaterial in einem Metallzylinder Drücken bis 100000 lbs/Quadratzoll während 1 min Dauer ausgesetzt. Beurteilungsmaß ist die Erholung der aus dem Zylinder ausgestoßenen Fasern in Abhängigkeit von der Zeit. *O. Schickhardt* [12] geht bei der Messung von Wolle von kugelförmigen Faserbauschen aus und ermittelt ballistisch die Rückstellkraft des komprimierten Faserbausches im Augenblick der Entlastung.

Bei den skizzierten Methoden werden generell wirre Fasern verwendet. Ferner besteht der Nachteil, daß die Prüfproben zur Volumenanzeige im entlasteten Zustand Reibungskräfte an den Gefäßwandungen, an den Registriereinrichtungen und das Eigengewicht des Kompressionsstempels u. ä. überwinden müssen, die in der Summe eine Verfälschung des Meßergebnisses zur Folge haben können. So vielfältig wie die Meßprinzipien, so vielfältig sind auch die beschrittenen Wege zur Auswertung der Meßergebnisse. Auf Einzelheiten dazu wird später eingegangen. Trotz der Vielzahl von Meßmethoden hat sich bisher noch kein Ver-

[1]) Vorgetragen anläßlich der Gesamt-Textiltechnischen Tagung, Fachausschuß Textilprüfung, der KdT am 15. 11. 63 in Leipzig. (Für den Druck gekürzt.)

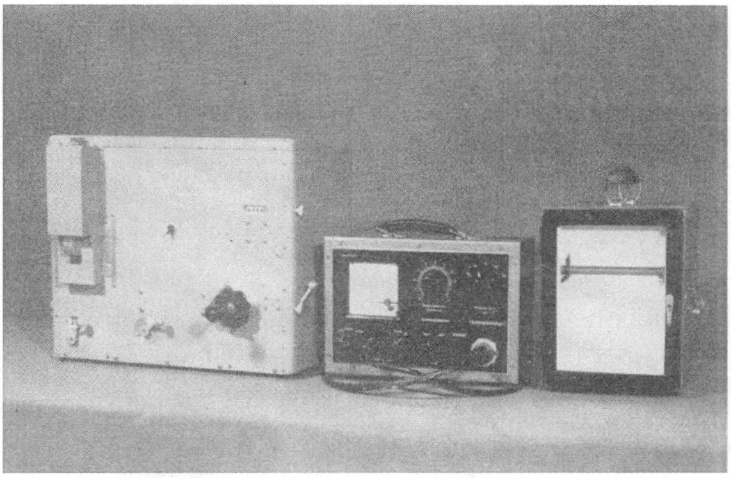

Bild 1. Gesamtansicht der Bauschigkeitsmeßeinrichtung

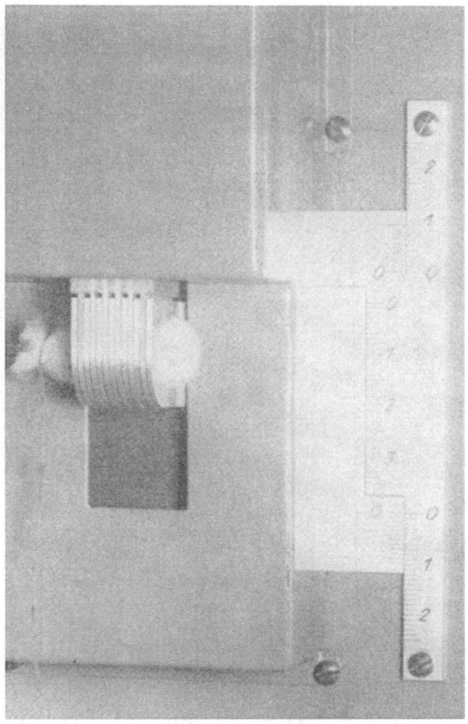

Bild 2. Lamellen mit eingeführter Prüfprobe in Anfangsstellung

fahren so durchgesetzt, daß es zu einem kommerziellen, allgemein verwendeten Gerät geführt hätte. Die Ursache dafür wird darin gesehen, daß diese Meßverfahren das praktische Bauschigkeitsverhalten der Textilmaterialien nicht ausreichend gut widerspiegeln. Dieser Umstand ist leicht einzusehen. Die bekannten Verfahren gehen sämtlich von Fasern in Wirrlage aus. Da in Zwischen- und Fertigprodukten im allgemeinen längsorientierte Fasern vorliegen, ist kein ausreichender Zusammenhang zu erwarten.

Bauschigkeitsmessungen an Faserflocke in Wirrlage führen bei Verwendung der Flocke als Polstermaterial zweifellos zu praxisanalogen Ergebnissen. Dieses Einsatzgebiet ist jedoch von untergeordneter Bedeutung. Die eigentliche Aufgabenstellung betrifft dagegen Einsatzgebiete, bei denen die Einzelfasern bereits in bestimmter Form längsgeordnet vorliegen. Dieser Umstand war Anlaß dafür, den bekannten Weg zu verlassen und eine Meßmethodik auszuarbeiten, die die Prüfung parallel geordneter Faserstoffe, wie Kammzüge, Bänder, Lunten, Garne, Zwirne usw., ohne Zustandsänderung ermöglicht und damit bereits von der Prüfprobenform her praxisnahe ist. Nachfolgend wird auf das Meßprinzip eingegangen.

2 *Prüfgerät*

Die erläuterten Überlegungen führten zur Entwicklung einer neuen Meßeinrichtung[2]). Konstruktion und Bau erfolgten im Institut für Textiltechnologie der Chemiefasern, Rudolstadt-Schwarza. In Bild 1 ist die Gesamtapparatur dargestellt; sie besteht aus dem eigentlichen Prüfgerät, links, dem Verstärker und dem Schreibgerät, rechts. Herz der Prüfeinrichtung sind die in Bild 2 gezeigten, berührungslos ineinandergreifenden, ringförmigen Lamellen, durch die das zu prüfende Faserbündel geschoben wird. Wie Bild 3 veranschaulicht, sind die ungeradzahligen und die geradzahligen Lamellen jeweils in einem gemeinsamen Block befestigt, wobei die ersteren, durch einen Exzenter angetrieben, einen wählbaren Hub ausführen. Die geradzahligen Lamellen sind durch eine geeignete Aufhängung an einem 1000 p-Kraftmesser, System „Honigmann" [13] befestigt, der die nahezu weglose Messung der Kraft gestattet, die das eingelegte Faser-, Lunten- oder Gespinstbündel einer durch die abwärts bewegten Lamellen ausgeübten Kompression entgegensetzt. Die ungeradzahligen Lamellen können selbsttätig mit Frequenzen, einstellbar zwischen 0,05 und 1,1 Hz, bewegt werden. Eine automatische Abstelleinrichtung nach vorzugebender Zyklenzahl ist vorhanden, desgleichen kann die Kompression durch wählbare Hubstufen variiert werden. Der Kraftmesser ist für drei Meßbereiche eingerichtet, so daß je nach Kraftniveau eine ausreichend empfindliche Messung und analoge graphische Aufzeichnung möglich ist. Die drei Kraftmeßbereiche weisen gute Proportionalität auf, wie die

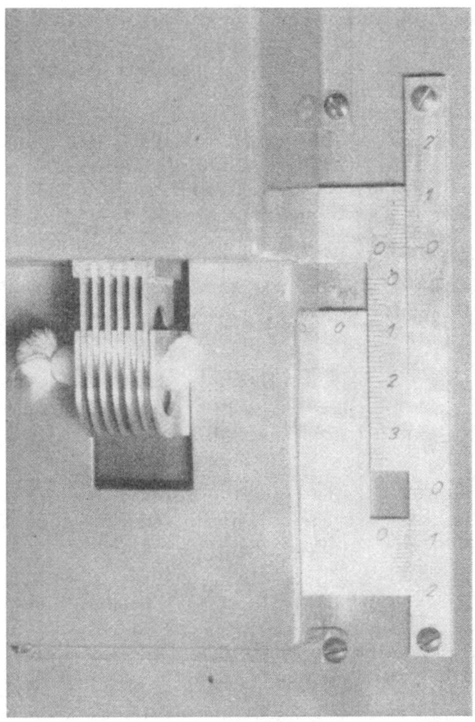

Bild 3. Lamellen mit eingeführter Prüfprobe in Kompressionsstellung (9 mm Hub)

[2]) DWP 16337 v. 17. 6. 1955

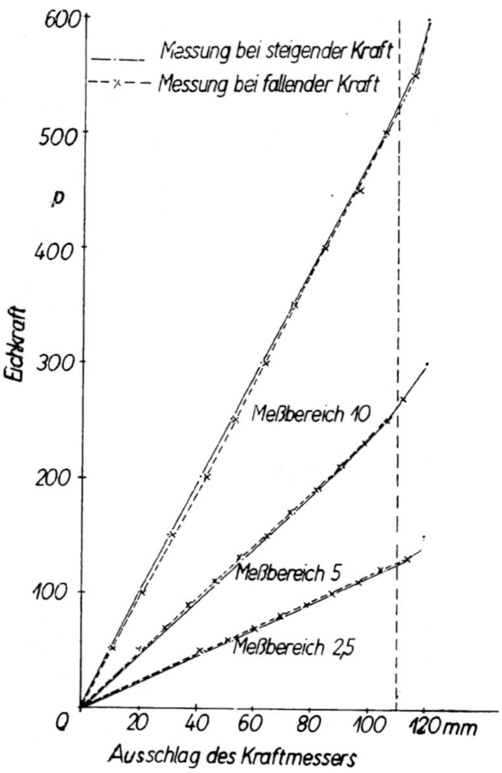

Bild 4. Eichdiagramme der Kraftmeßbereiche

Eichdiagramme in Bild 4 zeigen. Die Ergebnisse ständiger Kontroll-Eichungen beweisen die sehr gute Stabilität des Kraftmeß-Systems über Monate hinweg.

In Ermangelung der beschriebenen Prüfapparatur läßt sich das erläuterte Meßprinzip auch unter Verwendung eines handelsüblichen Zugfestigkeitsprüfers verwirklichen. Bild 5 zeigt diese Möglichkeit. Es kann sich hierbei jedoch nur um einen Behelf handeln, da das Pendelwaagenmeßprinzip keine genügend empfindliche Kraftanzeige zuläßt und die anstelle der oberen Klemme angebrachten Lamellen infolge der Hebelarmaufhängung nicht absolut senkrecht ziehen. Gleiches trifft beispielsweise auch für die Verwendung des Deforden-Apparates zu. Für die Bestimmung der Faser- bzw. Gespinstfülligkeit hat sich genannte Behelfsmeßanordnung jedoch als durchaus brauchbar erwiesen. Wie *Böhringer/Graf* [14, 15] bereits 1943 zeigen konnten, ist der Fülligkeitsgrad eine sehr wichtige Qualitätskennziffer für Chemiefäden. Die gleichzeitige Erfaßbarkeit dieser Eigenschaft ist als weiterer Vorteil des neuen Meßverfahrens herauszustellen.

3 *Prüfbedingungen und Auswertung*

Bei der vorgeschlagenen Prüfmethodik kann die Meßgrößenbestimmung nach zwei Richtungen erfolgen, und zwar:

3.1 Beanspruchung der Prüfprobe durch definierte Kompression verschiedener Stärke und Dauer;
Messung der Kraft, mit der die Prüfprobe der Kompression entgegenwirkt.

3.2 Einwirkung definierter Kraft verschiedener Stärke und Dauer auf die Prüfprobe;
Messung der resultierenden Kompression bzw. der Weg- oder Volumenänderung.

Wegen der vorhandenen Geräte wurde das erstgenannte Prinzip gewählt. Den unter 4 angeführten Ergebnissen liegen folgende Prüfbedingungen und Berechnungen zugrunde:

Bild 5. Ausschnitt von einem Feinfaserfestigkeitsprüfer des VEB Werkstoffprüfmaschinen Leipzig, bei dem obere und untere Einspannklemme durch Lamellen für die Bauschigkeitsmessung ersetzt sind, mit Prüfprobe in Kompressionsstellung

3.1.1 *konstante, gerätbedingte Größen:*

		Einstellbare Prüffrequenz	[Hz]	0,05 ...1,11
		Meßkopf-Typ bzw. Meßbereich	[p]	1000
		Masse des Eichstabes	[g]	1,1443
d	=	Durchmesser der Lamellenbohrung	[cm]	1,2
l	=	Länge des Lamellenraumes (13 Stege)	[cm]	1,53
Q_m	=	maximale Querschnittsfläche des Meßraumes	[cm²]	1,13
V_{Mm}	=	maximales Volumen des Meßraumes	[cm³]	1,729
Q_u	=	Querschnittsfläche des Meßraumes bei gewählter Kompressionsstufe u	[cm²]	(tabelliert)
V_{Mu}	=	Volumen des Meßraumes bei gewählter Kompressionsstufe u	[cm³]	(tabelliert)
s_u	=	Kompressionsweg bei gewählter Kompressionsstufe $u = \sqrt[3]{V_{Mu}}$	[cm]	(tabelliert)
V_F	=	Volumen der Fasermasse G	[cm³]	0,058
V_P	=	relatives Porenvolumen	[%]	96,7

3.1.2 *einstellbare (wählbare) Größen:*

G	=	Masse des Prüfbündels der Länge l	[g]
γ	=	Dichte der Fasersubstanz	[g/cm³]
u	=	Kompressions- bzw. Hubstufe	[mm]
K_i	=	erteilte Kompressionszyklenanzahl	[z]
K_V	=	Kompressionszyklenanzahl je Zeiteinheit	[z/min]
D_V	=	Diagrammvorschub der Kraftanzeige	[mm/min]
P_B	=	Kraftmeßbereich (2,5; 5; 10×10^2 p)	[p]
t_K	=	Kompressionsdauer	[min]
t_E	=	Entlastungsdauer bei $u = 0$	[min]
n	=	Anzahl Prüfproben für $\bar{x}$	[z]

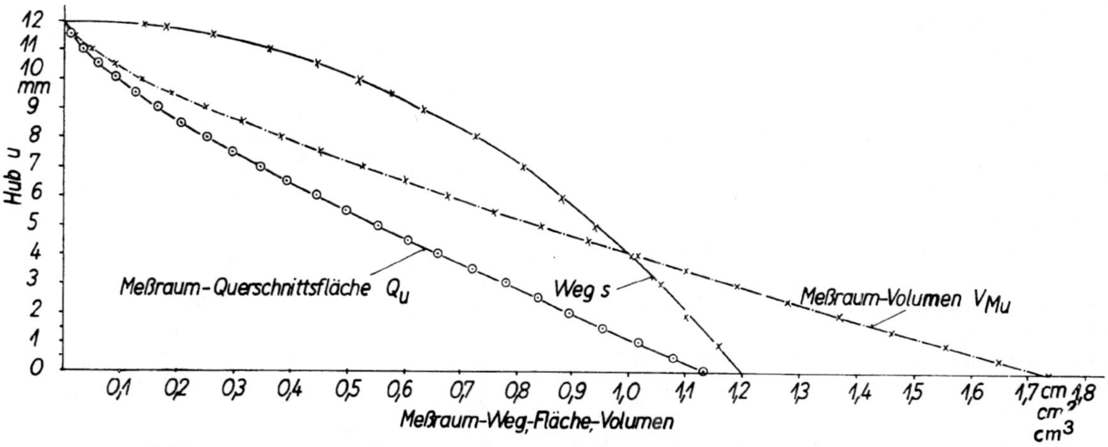

Bild 6. Abhängigkeit zwischen Hub und Abmessungen des Kompressionsraumes

3.1.3 gemessene Größen

P = Bauschkraft (Kompressions-Gegenkraft) [p]

3.1.4 berechenbare Größen:

Q_F = Querschnittsfläche der Fasermasse G [cm²]
K_W = wirkliche Kompression [%]
F = Fülligkeitsfaktor [z]
σ_B = Bauschspannung [p/mm²]
A_B = Bauscharbeit [kpcm]
A_{BV} = volumenbezogene Bauscharbeit [kpcm/cm³]

Für die Berechnung gelten folgende Formeln:

$$V_F = \frac{G}{\gamma}; \tag{1}$$

$$Q_F = \frac{V_F}{l}; \tag{2}$$

$$V_P = \frac{V_{Mm} - V_F}{V_{Mm}} \cdot 100; \tag{3}$$

$$K_W = 100 - \left[\frac{V_{Mu} - V_F}{V_{Mm} - V_F} \cdot 100\right]; \tag{4}$$

$$F = \frac{V_{Mu}}{V_F}; \tag{5}$$

$$\sigma_B = \frac{P}{Q_F \cdot 100}; \tag{6}$$

$$A_{BKi(=x)} = \frac{P_{Ki(=x)} \cdot s_u}{1000}, \quad \text{z. B. } x = 1; \tag{7}$$

$$A_{BVKi(=x)} = \frac{P_{Ki(=x)} \cdot s_u}{V_F \cdot 1000} \cdot 100 = \frac{A_{BKi(=x)}}{V_F} \cdot 100 \tag{8}$$

Das Tabellieren der Größen s, Q_u und V_{Mm} in Abhängigkeit von den von 0,5 zu 0,5 mm gestaffelten Hubstufen u erfolgte unter Anwendung folgender Formel:

$$Q_m \text{ bzw. } Q_u = \left[\frac{h}{6 \cdot s} \cdot (3h^2 + 4s^2)\right] \cdot 2, \tag{9}$$

wobei s = Sehne und
h = den von der Sehne des Kreisabschnittes begrenzten Teilradius (= Höhe)
bedeuten.

Die Ermittlung von s und h erfolgte auf graphischem Wege unter starker Vergrößerung mit ausreichender Sicherheit.

Weiter gilt:

$$V_{Mm} \text{ bzw. } V_{Mu} = Q_m \text{ bzw. } Q_u \cdot l, \tag{10}$$

$$s_u = \sqrt[3]{V_{Mu}} \tag{11}$$

Die nach Formeln (9) bis (11) errechneten Werte wurden tabelliert und in Bild 6 graphisch dargestellt. Dieselben werden als gerätbedingte Größen für die jeweiligen Berechnungen der Tabelle bzw. dem Diagramm entnommen.

4 *Versuchsvarianten, Auswertung, Meßergebnisse*

Die apparativen Gegebenheiten lassen in Versuchsführung und Auswertung der Ergebnisse eine Reihe von Varianten zu. Einige seien beispielsweise angeführt:

Die Prüfung kann bei einer oder bei mehreren gleichbleibenden, fallenden oder steigenden Kompressionshöhen vorgenommen werden.

Dabei können jeweils nur eine Kompression oder je Stufe mehrere Kompressionszyklen erteilt werden.

Ferner können Belastung und Entlastung je Zyklus über eine bestimmte wählbare Zeitdauer wirken und die Erholungsfähigkeit ermittelt werden.

Schließlich kann bei verschiedener Frequenz eine Dauerwechselbeanspruchung ausgeübt und das Verhalten des Prüflings gemessen werden, usw. usw.

Die genannten Möglichkeiten der Versuchsführung bedingen entsprechende Varianten der Auswertung. Wie bereits ausgeführt wurde, sind auch für die Auswertung der Bauschigkeitsprüfung von den einzelnen Autoren sehr verschiedene Wege beschrieben worden. Nach *Schickhardt* [12] ist die Bauschelastizität eine physikalisch schwer definierbare Eigenschaft, die mit dem scheinbaren spezifischen Volumen, der Fülligkeit, der Schmiegsamkeit und der Lebendigkeit des Faserbausches zusammenhängt. Er definiert als Bauschigkeit bei aufgelöster Fasermasse und als Fülligkeit bei Gespinsten und Flächengebilden den Raum bzw. die Querschnittsfläche, den diese Produkte einnehmen, wenn sie nicht durch äußere Kräfte belastet werden. Für die Lebendigkeit wird als Maß die Druckänderung für eine bestimmte Volumenänderung bei der Expansion des Bausches bzw. die dabei abgegebene Arbeit angegeben. Letztere benutzt *Schickhardt* als Maß für die Bauschelastizität. Dagegen besagen die von *De McCarty* und *Dusenbury* [2] getroffenen Feststellungen, daß die maximale Kompressionskraft besser mit der visuellen Empfindung beim Zusammendrücken von Wollmustern in der Hand korreliert als die Meßwerte der Erholung bei der Expansion der Faserbausche.

Die mit der beschriebenen neuen Prüfapparatur erhaltenen Meßergebnisse decken sich weitgehend mit den letztgenannten Feststellungen. Für die Bewertung des Bauschigkeitsverhaltens der in Faserlängsordnung zu messenden Proben konnte die bei bestimmter Kompression auftretende Kompressions- oder Bauschkraft, ausgedrückt als Spannung in p/mm² bzw. als volumenbezogene Bauscharbeit in kpcm/cm³ als charakteristischste Kenngröße ermittelt werden. Erfolgt die Messung bei mehreren Kompressionsstufen, so kann je Stufe der zugehörige Fülligkeitsgrad berechnet und, graphisch auf Kompression = Null interpoliert, als zusätzliches Bewertungsmaß herangezogen werden.

Als eine weitere brauchbare Maßzahl hat sich das Bauschspannungsverhältnis nach 50 Kompressionszyklen zur maximalen Bauschspannung bei der ersten Kompression erwiesen. Die nachfolgend zusammengestellten Ergebnisse veranschaulichen die Wertigkeit dieser Größen. Zur Kennzeichnung der Meßwertstreuungen ist jeweils der Variationskoeffizient mit angegeben. Es ist ersichtlich, daß in vielen Fällen mit $V < 10\%$ befriedigende Verhältnisse herrschen. Allerdings werden vereinzelt auch bedeutend höhere Ziffern errechnet, deren Ursache materialbedingt ist. Die aus $n = 5$ Einzelmessungen errechneten Mittelwerte weisen eine gute Reproduzierbarkeit auf. Wichtig ist dabei die sichere Einhaltung der gewählten Versuchsbedingungen. Während beispielsweise die anzuwendende Kompressionshöhe, die Prüfgeschwindigkeit, die Kompressionszyklenanzahl, Meßbereich des Kraftmessers, Papiertransport des Schreibers, Be- und Entlastungszeit exakt einstellbar sind, müssen für die Masse des Prüfbündels enge Toleranzgrenzen angestrebt werden, um ein konstantes Porenvolumen zu gewährleisten. Letzteres ist Voraussetzung für die Vergleichbarkeit der Meßergebnisse. Bild 7 verdeutlicht den außerordentlichen Einfluß des Porenvolumens auf die Kompressionskraft bzw. die abzuleitenden Bauschigkeitskenngrößen. Erprobungen zeigten, daß bei den gewählten apparativen Bedingungen die Anwendung eines Porenvolumens von 96,7% zweckvoll ist. —

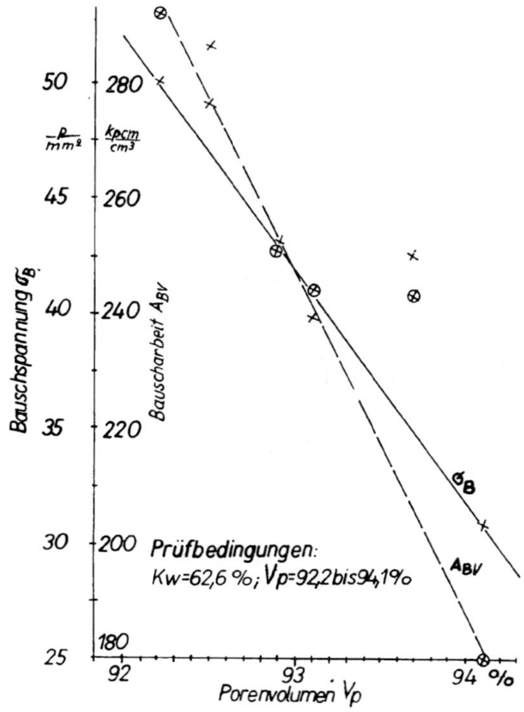

Bild 7. Abhängigkeit der Bauschspannung vom Porenvolumen V_p

In systematischen Untersuchungen wurden die verschiedenen übrigen Einflußfaktoren ergründet. Nachfolgend kann nur auf einige wesentliche Zusammenhänge eingegangen werden. Naturgemäß ist das Kompressionsmaß eine weitere wichtige Einflußgröße. Aus Tabelle 1 ist für Viskosefaser die Abhängigkeit der Bauscharbeit von der Kompressionshöhe zu erkennen. Es wurde gefunden, daß bei einer Kompression im Bereich um 66% eine gute Gradation der Meßwerte resultiert. Ausgehend von den apparativen Gegebenheiten wurde deshalb eine Kompression von 67,5%, diese entspricht einem eingestellten Hub „u" von 6,5 mm, als allgemeine Prüfbedingung gewählt. Der in Tabelle 1 festgehaltene Versuch wurde so geführt, daß je Kompressionsstufe nur einmal komprimiert wurde, daß sowohl die Kompression als auch die Entlastung 1 min einwirkten und nach jeder

Tabelle 1. Abhängigkeit der Bauscharbeit von der Kompression bei Viskosefaser W-Typ; Einkräuselung = 19,7%

Kompression K_W [%]	Maximale Bauschspannung $\sigma_{BtK} = 0$ [p/mm²]	Bauschspannung nach $t_K = 1$ min $\sigma_{BtK} = 1$ min [p/mm²]	Maximale Bauschspannung Variationskoeffizient [%]	bei „Null"-Kompression = 22%: Bauschspannung nach $t_E = 1$ min $\sigma_{BtE} = 1$ min [p/mm²]	bei „Null"-Kompression = 22%: Bauschspannung Variationskoeffizient [%]	Maximale Bauscharbeit A_{BV} [kpcm/cm³]
22	16	—	10,2	16	10,2	113
32	24	21	6,9	13	13,1	163
43	32	30	2,9	11	14,0	210
53	46	41	7,6	9	15,0	281
63	63	58	4,0	7	21,1	360
72	104	93	1,6	5	15,4	546
81	143	136	2,8	5	13,5	675

Prüfbedingungen: Porenvolumen $V_P = 96,7\%$
Einwirkungsdauer t_K und $t_E = 1$ min $n = 5$

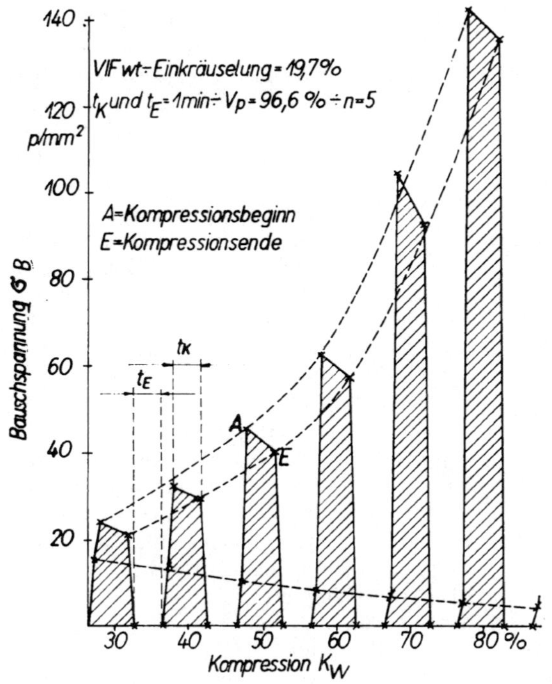

Bild 8. Abhängigkeit der Bauschspannung von der Höhe und Dauer der Kompression

Entlastung zuerst die Kraft bei Null-Last, gewählt wurde dafür: Kompression = 22%, bestimmt und dann auf die nächste Kompressionsstufe gefahren wurde.

In Bild 8 sind diese Ergebnisse graphisch veranschaulicht. Die Auswertung kann den Verlust an Bauschspannung bzw. -arbeit während der Einzel-Kompression unter Einbeziehung des Zeitfaktors, die Verlustbauschkraft bei Null-Last in Abhängigkeit von den Kompressionsstufen, die Bildung von Volumen-Bauschspannungs-Schaulinien (in Anlehnung an TGL 0-53855, 6.62) oder die Ermittlung der einer bestimmten Volumenänderung kongruenten Spannungsänderung betreffen. Nach diesen Möglichkeiten durchgeführte Auswertungen an Ergebnissen verschiedener Rohstoffe zeigten keine befriedigenden Aussagen. Ohne Widersprüche stellte sich beim Vergleich allein die maximale Bauschspannung, berechnet aus der beim ersten Kompressionszyklus auftretenden Maximal-Kompressions-Kraft, dar. Diese wurde deshalb in der Folge als Bewertungsbasis verwendet. Nach dieser Feststellung entfällt die Notwendigkeit, mit längeren Einwirkungszeiten für Kompression und Entlastung zu arbeiten, allerdings dürfen die Lastwechselfrequenzen nicht so groß sein, daß das Material bzw. der Kraftmesser nicht folgen können.

Zur Klärung dieser Verhältnisse wurden Vergleichsmessungen bei höchster und niedrigster Lastwechselfrequenz des Gerätes über 100 Zyklen durchgeführt. In Tabelle 2 sind die Ergebnisse gegenübergestellt; es ist zu erkennen, daß bei 60 Zyklen/min das Prüfgut der Lastwechselfrequenz nicht ausreichend folgen kann: das drückt sich in der gegenüber dem 0,05 Hz-Versuch nur etwa halb so großen Bauschspannung aus. Der Kraftmesser ist hierfür nicht verantwortlich zu machen, derselbe kann Frequenzen bis 200 Hz amplitudengetreu folgen. Als Beweis dafür, daß bei der Frequenz 0,05 Hz dem Material genügend Zeit verbleibt, den Lastwechseln vollkommen zu folgen, dienten Versuche mit dem gleichen Material, bei denen nach jeder einzelnen Kompression in entlastetem Zustand Ruhepausen von 1 min und in weiteren Reihen von 5 min Dauer dazwischengeschaltet wurden. Die dabei erhaltenen Kompressionskräfte stimmten mit dem 0,05 Hz-Ergebnis überein. Auch andere durchgeführte Langzeit-Entlastungsversuche mit Entlastungszeiten von 10, 30, 60 min brachten gegenüber kontinuierlicher Prüfung bei 0,05 Hz Lastwechsel keine nennenswerten Veränderungen des Kraftverlaufes, so daß die vorherige Feststellung nach Wegfall längerer Einwirkungszeiten weiterhin bestätigt wurde. Diese Untersuchungen waren Basis dafür, ganz allgemein die Prüffrequenz 0,05 Hz zu wählen. Alle zu behandelnden Ergebnisse, bei denen nicht ausdrücklich eine Prüffrequenz vermerkt ist, wurden bei 0,05 Hz erhalten.

In Bild 9 werden zwei Originaldiagramm-Ausschnitte gezeigt, die charakteristische Formen aufweisen. Während das DRALON-Material von Zyklus zu Zyklus nur eine unmerkliche Kompressionskraft-Einbuße erfährt, zeigt der WOLPRYLA-Kammzug eine verhältnis-

Tabelle 2. Abhängigkeit der Bauschspannung von der Lastwechselfrequenz

Anzahl Arbeitsspiele K_i [z]	0,05 Hz Prüfgeschwindigkeit $n = 5$				1,11 Hz Prüfgeschwindigkeit $n = 5$			
	Bauschspannung σ_B [p/mm²]	Standardabweichung [p/mm²]	Variationskoeff. [%]	Bauscharbeit A_{BV} [kpcm/cm³]	Bauschspannung σ_B [p/mm²]	Standardabweichung [p/mm²]	Variationskoeff. [%]	Bauscharbeit A_{BV} [kpcm/cm³]
1	35	5,7	16,4	197	23	1,6	7,1	118
10	31	5,1	16,4		18	1,3	7,1	
20	31	4,8	15,8	Bauschspannungs-	18	1,1	6,1	Bauschspannungs-
30	30	4,9	16,2	verhältnis nach	17	1,0	6,1	verhältnis nach
40	30	4,8	16,2	$K_i = 50 = 85\%$	17	1,0	6,2	$K_i = 50 = 73\%$
50	30	4,7	15,9		16	1,0	6,3	
60	29	4,8	16,4	nach	16	1,2	7,2	nach
70	29	4,8	16,4	$K_i = 100 = 83\%$	16	1,2	7,2	$K_i = 100 = 69\%$
80	29	5,1	17,3	Versuchsdauer	16	1,3	7,9	Versuchsdauer
90	29	5,0	17,1	= 32 min	16	1,3	8,4	= 1,5 min
100	29	4,6	16,1		16	1,3	8,4	

Prüfbedingungen: Porenvolumen $V_P = 97\%$; Kompression $K_W = 76\%$
Material: Streckenband, WOLPRYLA, Wolfen

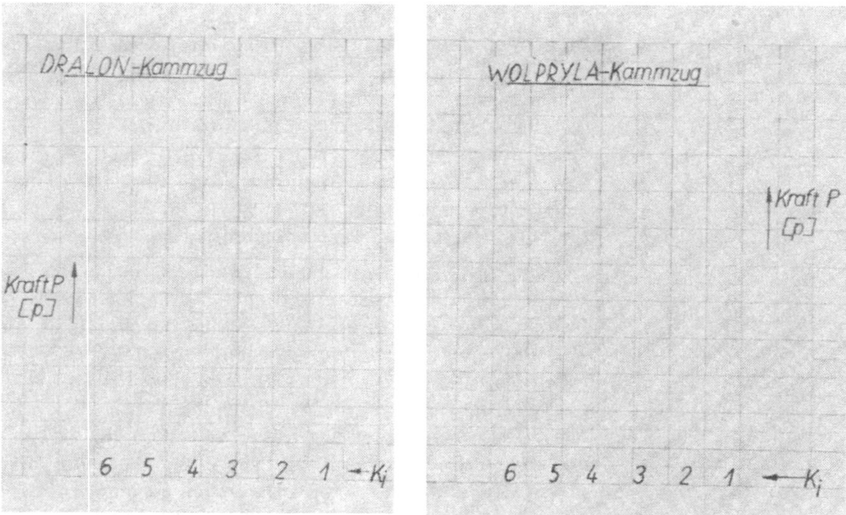

Bild 9. Original-Bauschkraft-Diagramme von Polyacrylnitrilfasern

mäßig starke Kraftminderung von Zyklus zu Zyklus. Als Ergebnis der Bewertung eines sehr umfangreichen Versuchsmaterials muß jedoch dazu gesagt werden, daß zwar ein Anfangs-Kompressionsverlauf, wie er hier für DRALON als Beispiel dargestellt wurde, zunächst auf ein besseres Bauschigkeitsverhalten schließen läßt, daß ein abschließendes Urteil jedoch auf den Gesamtverlauf nach einer größeren Zyklenzahl, z. B. $K_i = 50$, fußen sollte. Als Ergebnis von zahlreichen Untersuchungen kann die Ermittlung des Bauschspannungsverhältnisses nach $K_i = 50$ Zyklen, bezogen auf die maximale Bauschspannung nach dem ersten Zyklus, als zusätzliches Bewertungsmaß angesehen werden. Wie die weiteren Ergebnisse zeigen, bringt auch diese Kenngröße eine Bestätigung der erfahrungsgemäßen Bauschigkeitsgradation.

In Tabelle 3 wurden Meßergebnisse von Viskosefasern verschiedener Feinheit zusammengestellt. Bei der Auswahl wurde auf etwa gleiches Einkräuselungsniveau geachtet. Es ist zu erkennen, daß von Nm 7000 bis etwa Nm 500 keine Titereinfluß auf die Bauschigkeit besteht. Fasern unter Nm 500 weisen infolge ihrer größeren Steifheit einen größeren Kompressionswiderstand auf.

Den entscheidendsten Einfluß auf die Bauschigkeit hat jedoch die Einkräuselung. In Bild 10 ist derselbe für Viskosefaserflocke bezogen auf die Bauscharbeit und in Bild 11 für Polyacrylnitrilfaserflocke bezogen auf die Bauschspannung dargestellt. Der Zusammenhang zwischen Bauschigkeit und Einkräuselung ist sehr eindeutig, er ist jedoch nicht so stramm, wie die Sternwolken verdeutlichen, daß die beiden Meßgrößen sich gegenseitig ersetzen könnten. Andererseits ist aus den beiden Darstellungen zu folgern, daß eine Bauschigkeitsrangfolge verschiedener Faserstoffarten nur für Typen mit etwa gleichem Kräuselungsniveau aufgestellt

Tabelle 4. Abhängigkeit der Bauschspannung von der Präparation bei Viskosefasern

Provenienz: Viskosefaser-wt Nm 2800; $E = 19{,}7\%$	Bauschspannung σ_B [p/mm²]	Variationskoeffizient Bauschspannung V [%]	Bauscharbeit A_{BV} [kpcm/cm³]	Bauschspannungsverhältnis nach $K_i = 50$ [%]
Anlieferungszustand	80	4,8	458	88
mit CS_2 extrahiert	64	11,4	376	88

Prüfbedingungen: Porenvolumen $V_P = 96{,}7\%$; Kompression $K_W = 67{,}5\%$; $n = 5$

Tabelle 3. Abhängigkeit der Bauschspannung von der Faserfeinheit bei Viskosefasern

Faserfeinheit [Nm]	Provenienz	Einkräuselung E [%]	Maximale Bauschspannung σ_B [p/mm²]	Variationskoeffizient der Bauschspannung V [%]	Volumenbezogene Bauscharbeit A_{BV} [kpcm/cm³]	Bauschspannungsverhältnis nach $K_i = 50$ [%]
7000	Plauen	12	39	7,2	213	79
6600	Plauen	12	43	8,4	239	81
6000	Plauen	13	47	11,8	258	79
4700	Glauchau	13	40	7,5	222	79
2800	Schwarza	14	51	3,9	279	86
2400	Schwarza	13	50	4,9	279	79
1300	Wolfen	14	38	7,0	213	80
500	Wolfen	16	42	9,3	233	68
500	Wittenberge	15	38	12,8	208	75
300	Wolfen	12	55	14,1	303	79
280	Schwarza	14	57	12,8	316	73
180	Phrix	14	59	7,0	331	72

Prüfbedingungen: Porenvolumen $V_P = 96{,}7\%$; Kompression $K_W = 67{,}5\%$; $n = 5$

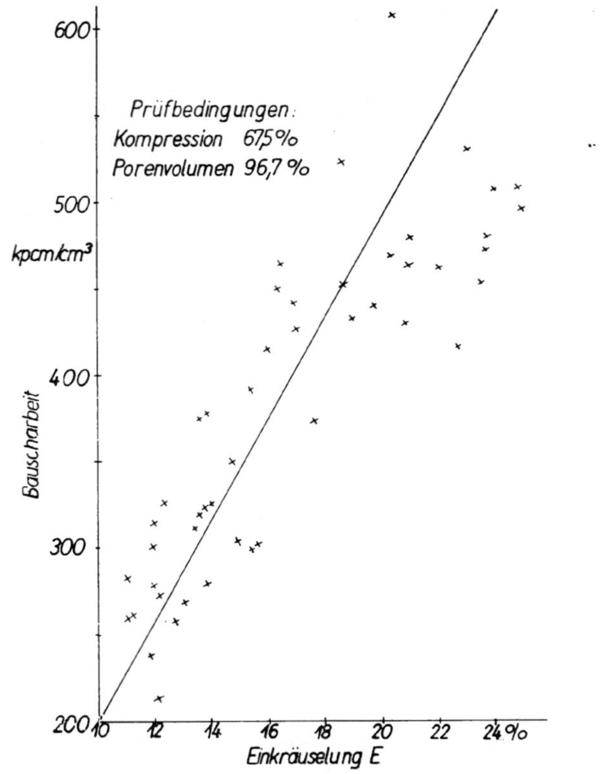

Bild 10. Abhängigkeit der Bauscharbeit von der Einkräuselung bei Viskosefaserflocken

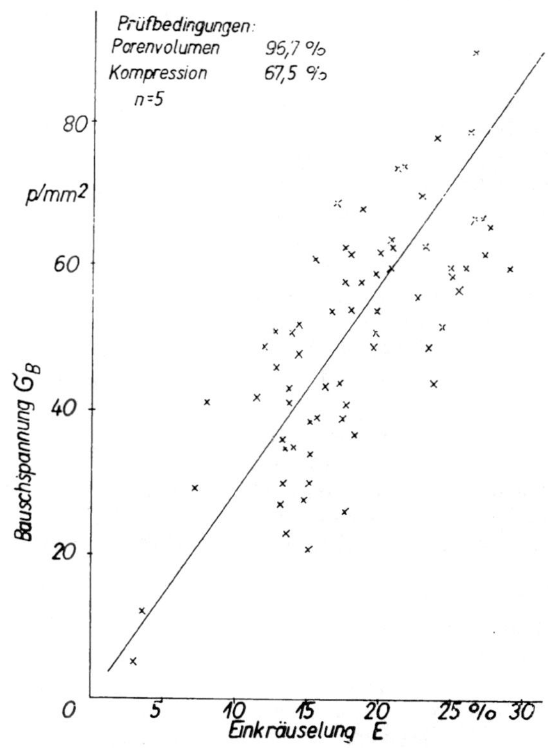

Bild 11. Abhängigkeit der Bauschspannung von der Einkräuselung bei Polyacrylnitrilflocken

werden kann, um zu einer vergleichbaren Aussage zu gelangen.

Den engen Zusammenhang zwischen Kräuselung und Substanzeinfluß zeigt das Bauschspannungsdiagramm Bild 12. Es handelt sich um einen Versuch mit steigenden und fallenden Kompressionsstufen an drei verschiedenen Polyacrylnitrilflocken. Gemäß dem Kräuselungsunterschied bzw. der bei Flocke 1 durch Dämpfen erzielten Substanzverbesserung weisen diese drei Flocken einen abgestuften, jedoch völlig konformen Kurvenverlauf auf. Es ist zu erkennen, daß die ursprünglich vorhandenen Kräuselungs- bzw. substanzbedingten Unterschiede ihr Niveau zueinander über die verschiedenen Beanspruchungsstufen unverändert beibehalten. Daraus kann gefolgert werden, daß die gewählte Kompressionshöhe die Gradation der Ergebnisse nicht beeinflußt.

Die Bauschigkeitsergebnisse sprechen ferner sehr deutlich auf die Wirkungsweise der Präparation an. Aus Tabelle 4 ist ersichtlich, daß bei der betreffenden Viskose-

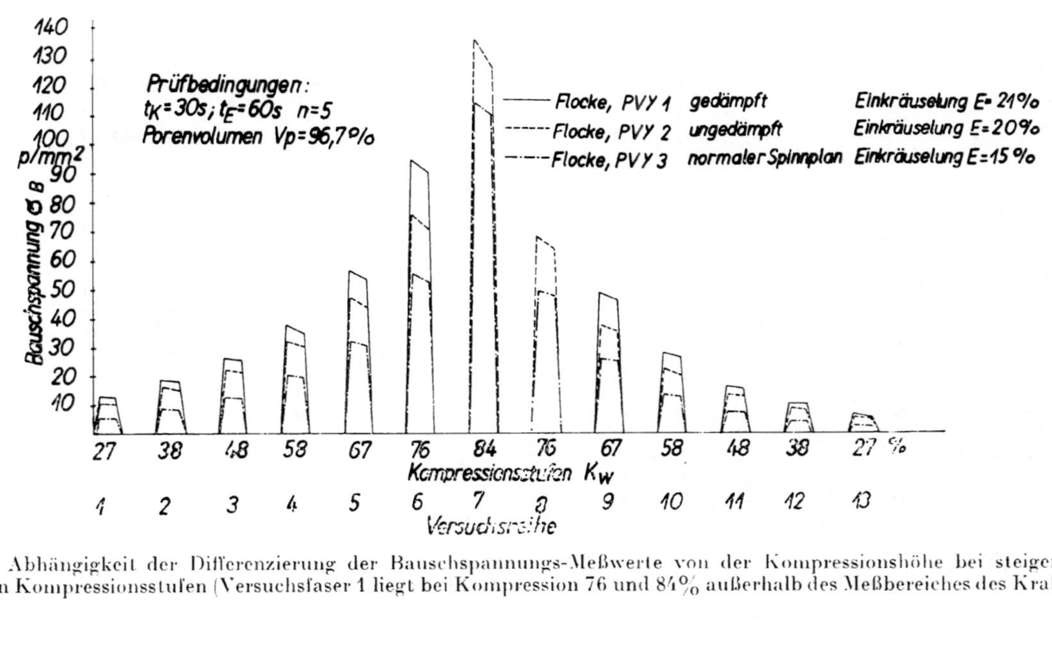

Bild 12. Abhängigkeit der Differenzierung der Bauschspannungs-Meßwerte von der Kompressionshöhe bei steigenden und fallenden Kompressionsstufen (Versuchsfaser 1 liegt bei Kompression 76 und 84% außerhalb des Meßbereiches des Kraftmessers)

faserprovenienz eine versteifend wirkende Präparation Anwendung fand, die eine Bauschigkeitsverbesserung bewirkte. In Tabelle 5 ist dagegen für WOLPRYLA erkennbar, daß die Präparation eine Reduzierung der Fasersteifheit bzw. Sprödigkeit bewirkt und die einzelnen Präparationsrezepturen dabei zu graduellen Unterschieden führen. Die Auswirkungen dieser Unterschiede auf die Verarbeitungsfähigkeit des Materials dürften dabei besonderes Interesse erwecken.

Abschließend werden noch einige Meßergebnisse an verschiedenen Faserstoffarten und Aufmachungsformen vergleichend gegenübergestellt. Wie bereits vorher erläutert wurde, ist bei der Bewertung der starke Einfluß der Faserkräuselung gebührend zu beachten. Tabelle 6 zeigt Meßergebnisse von Flockenproben verschiedener Faserarten. Besonderen Hinweis verdienen dabei die Eigenschaftsverbesserungen der Chemiefasern durch Hohlraumgebung, durch Dämpfen und durch Versteifen. Die Meßgrößen Bauschspannung und Bauscharbeit können als kongruent und gegenseitig ersetzbar angesehen werden. Der Bauscharbeit gebührt jedoch der Vorrang, da ihre Werte eine bessere Differenzierung ermöglichen.

In Tabelle 7 sind Meßergebnisse von Kammzügen zusammengestellt worden. Die Messung erfolgte in der Regel an unveränderten bzw. in Längsrichtung, entsprechend der notwendigen Fasermasse, vorsichtig geteilten Kammzügen. Gegenüber den Ergebnissen an Faserflocken ergibt sich eine Reduzierung des Meßwertniveaus auf 30 bis 50% der Flockenwerte. Die Ursache dafür liegt in der Faserbeanspruchung begründet. Während zur Messung der Faserflocke die Meßbündelherstellung durch Bildung eines Handstapels erfolgt, bei dem die Kräuselungsbogen infolge des fehlenden maschinellen Verzugs wenig ineinanderhaken und in ihrer Intensität weitgehend erhalten bleiben, ist beim Kamm-

Tabelle 5. Abhängigkeit der Bauschspannung von der Präparation bei Polyacrylnitrilfasern

Provenienz: WOLPRYLA Premnitz Nm 3000; $E = 14{,}2\%$	Bauschspannung σ_B [p/mm²]	Variationskoeffizient Bauschspannung V [%]	Bauscharbeit A_{BV} [kpcm/cm³]	Bauschspannungsverhältnis nach $K_i = 50$ [%]
Anlieferungszustand	34	16,4	190	87
extrahiert, abgekocht	51	8,4	280	77
präp. 50 g/l Präwozell M 4 g/l Ceramin HC 39	42	4,6	234	88
präp. 25 g/l PT 1840	43	7,4	239	90
präp. 50 g/l Präwozell M 3 g/l PT 1840	39	5,7	213	89
präp. 1% Prowäzell M 0,03% Ceramin HC 39	27	10,6	151	78
präp. 2% Präwozell M 0,06% Ceramin HC 39	34	6,8	189	87
präp. 3% Präwozell M 0,09% Ceramin HC 39	31	5,8	170	81
präp. 5% Präwozell M 1,4% Ceramin HC 39	30	15,4	166	83
präp. 7% Präwozell M 2,3% Ceramin HC 39	30	17,5	166	81

Prüfbedingungen: Porenvolumen $V_P = 96{,}7\%$; Kompression $K_W = 67{,}5\%$; $n = 5$

Tabelle 6. Bauschigkeits-Meßergebnisse von Flockenproben verschiedener Faserstoffarten

Provenienz	Faser-Nummer Nm [m/g]	Einkräuselung E [%]	Bauschspannung σ_B [p/mm²]	Variationskoeffizient $V_{\sigma B}$ [%]	Bauscharbeit A_{BV} [kpcm/cm³]	Bauschspannungsverhältnis nach $K_i = 50$ [%]
WOLPRYLA, gedämpft	5600	13,3	63	7,9	348	83
GRISUTEN, hohl	2250	15,0	62	4,5	341	83
WOLPRYLA, ungedämpft	5600	13,5	58	13,3	323	83
GRISUTEN, massiv	2250	12,3	51	10,6	284	83
WOLPRYLA, ungedämpft	2400	12,7	51	9,4	278	84
Viskosefaser	2800	13,0	49	8,0	269	80
TERLENKA	6000	14,2	47	3,1	260	77
LAWSAN	3000	15,6	44	7,8	240	80
Polyvinylchlorid	2800	10,6	44	26,3	243	64
Baumwolle	7760	9,9	41	4,6	225	73
Viskosefaser	7020	12,0	39	7,2	213	79
DEDERON mit 100g/l Basyntan versteift	2250	18,3	39	10,4	213	64
DEDERON, hohlprofil	2250	14,3	23	4,1	127	70
DEDERON, massiv, rund	2250	12,5	15	10,7	82	65
DEDERON, massiv, rund	5000	7,7	14	8,7	78	59

Prüfbedingungen: Porenvolumen $V_P = 96{,}7\%$; Kompression $K_W = 67{,}5\%$; $n = 5$

Tabelle 7. Bauschigkeits-Meßergebnisse von Kammzügen verschiedener Faserstoffarten

Provenienz	Faser-Nummer Nm [m/g]	Einkräuselung E [%]	Bauschspannung σ_B [p/mm²]	Variationskoeffizient $V_{\sigma B}$ [%]	Bauscharbeit A_{BV} [kpcm/cm³]	Bauschspannungsverhältnis nach $K_i = 50$ [%]
TERLENKA	2900	11	45	10,1	252	82
Wolle	1830	15	35	11,6	195	82
DRALON	2770	8	24	9,3	135	82
WOLPRYLA, Wolfen, gedämpft	2270	9	19	13,7	103	78
GRISUTEN, hohlprofil	2250	8	16	6,3	89	88
GRISUTEN, massiv, rund	2690	5	11	20,5	60	88
WOLPRYLA, Premnitz	2500	7	10	12,1	54	77
Viskosefaser	2800	5	9	19,1	51	62
DEDERON, hohlprofil	2120	10	9	5,7	49	69
DEDERON, massiv, rund	2370	8	7	14,5	41	63

Prüfbedingungen: Porenvolumen $V_P = 96{,}7\%$; Kompression $K_W = 67{,}5\%$; $n = 5$

zug durch die Kämmbeanspruchung ein stärkeres Ineinandergreifen der Fasern und eine wesentliche Kräuselungsreduzierung eingetreten. Sofern die Messungen bei Flocke und Kammzug an identischen Faserproben vorgenommen werden, läßt sich aus dem Maß der Bauscharbeitsreduzierung im Kammzug eine Qualitätsaussage über die Kräuselungsbeständigkeit ableiten. Aus den Tabellen 6 und 7 errechnen sich beispielsweise für Viskosefaser $wt = 19\%$ und für DEDERON, massiv, rund 50% Bauscharbeit des Kammzugs zur Flocke. Diese Verhältniszahlen spiegeln den bestehenden substanziell bedingten Unterschied in der Kräuselungs-

Tabelle 8. Bauschigkeits-Meßergebnisse von verschiedenen Chemieseiden

Provenienz	Faden-Nummer [Nm]	Kapillar-Nummer [Nm]	Bauschspannung σ_B [p/mm²]	Variationskoeffizient Bauschspannung V [%]	Bauscharbeit A_{BV} [kpcm/cm³]	Bauschspannungsverhältnis nach $K_i = 50$ [%]
Kupferseide KUSETA	150 (44)	6600	50	16,0	170	82
PVY-Seide DRALON	120 (36)	4300	34	11,5	116	67
Viskoseseide VISETA	150 (18)	2700	29	18,0	100	68
PVC-Seide RHOVYL	90 (20)	1800	28	8,5	94	72
Polyamidseide DEDERON	300 (6)	1800	13	29,0	44	51
Polyesterseide GRISUTEN	36 (50)	1800	8	26,0	26	43
Polyamidseide DEDERON	450 (1)	450	16	12,0	53	38

Prüfbedingungen: Porenvolumen $V_P = 96{,}7\%$; Kompression $K_W = 95{,}2\%$; $n = 5$

Tabelle 9. Bauschigkeits-Meßergebnisse von verschiedenen Chemie-Kräuselfäden

	Faden-Nummer [Nm]	Bauschspannung σ_B [p/mm²]	Variationskoeffizient Bauschspannung V [%]	Bauscharbeit A_{BV} [kpcm/cm³]	Bauschspannungsverhältnis nach $K_i = 50$ [%]
Dedotex	5,4	7	17,7	38	75
Dedotex	5,4	10	4,1	56	70
Nippon, Rayon Stretch	129/2	22	12,1	119	72
Nylon Wooly, Toyo Rayon	82/2	27	9,6	147	81
Japan Stretch	90/2	30	4,0	167	83
Kräusel-DEDERON-Flöha	100/2	33	1,5	184	69
Nylon, Helanka Moussé	300/2	37	3,7	205	76
Nylon Helanka Moussé	450/2	55	1,3	306	78
Nylon Helanka Moussé	450 (7)	56	— ⁰)	310	75
Nylon Wooly, Toyo Rayon	90/1	59	12,3	323	82
Japan Wooly, Teviron	20/2	87	5,5	481	87

Prüfbedingungen: Porenvolumen $V_P = 96{,}7\%$; Kompression $K_W = 67{,}5\%$; $n = 5$; ⁰) $n = 1$

beständigkeit dieser beiden Faserstoffe recht gut wider.

Tabelle 8 veranschaulicht Bauschigkeitsmeßergebnisse von Chemieseiden. Verursacht durch die bei Seiden völlig fehlende Kräuselung, mußte hier das Kompressionsmaß auf 95,2% erhöht werden. Die Rangordnung beginnt mit Kupferseide, das harmoniert durchaus mit vorhandenen Erfahrungen. Dazu ist an die spezifischen Griff- und Falleigenschaften der Kupferseide, z. B. in LAVABEL-Geweben, zu erinnern. Kupferseide ist hierin den übrigen Chemieseiden deutlich überlegen. Zur Rangfolge ist im Zusammenhang mit der Elementarfadenfeinheit auf das zu Tabelle 3 Gesagte hinzuweisen. Auch hier besitzen die Elementarfäden mit einer Feinheit unter Nm 500 größeren Kompressionswiderstand.

In Tabelle 9 sind Ergebnisse von Kräuselfäden zusammengestellt worden. Die Provenienz WOOLY TEVIRON zeigt dabei von allen bisher geprüften Materialien die absolut beste Bauschigkeit. Diese Tatsache entspricht völlig der äußeren Erscheinungsform dieses Materials. Mit der skizzierten Meßmethodik läßt sich danach recht gut die klaffende Lücke bei der zahlenmäßigen Bewertung des Bauscheffektes von Kräuselfäden aus Chemieseiden schließen.

In Tabelle 10 sind Ergebnisse von Garnen und Zwirnen angegeben. Auch bei dieser Gegenüberstellung steht die Rangordnung mit der visuellen Bewertung in Übereinstimmung. Dabei ist besonders auf die mit dieser Meßmethode geschaffene Möglichkeit der zahlenmäßigen Bewertung des Bauscheffektes von Bauschgarnen hinzuweisen. Wie *Naumann* [16] und *Decker* [17] zeigen konnten, bestehen klare Zusammenhänge zwischen Bauschigkeits-Meßwerten und den Einflußfaktoren Drehung, Anteile schrumpfender und ausgeschrumpfter Fasern und der Dämpftechnologie bei der Schrumpfgarnherstellung. Beide Autoren weisen dabei ausdrücklich auf die gute Übereinstimmung der Bauschigkeitswerte mit der visuell und manuell feststellbaren Gradation hin.

In Tabelle 11 ist aus der Bauschigkeitsprüfung bei fünf Kompressionsstufen der Fülligkeitsfaktor bei Kompression = Null von einer Reihe von Gespinsten ermittelt und der Bauschspannung gegenübergestellt worden. Es ist keine Beziehung zwischen beiden Größen erkennbar. Der Fülligkeitsfaktor, der gleichfalls mit die-

Tabelle 10. Bauschigkeits-Meßergebnisse von Garnen und Zwirnen

Provenienz	Faden-Nummer [Nm]	Bauschspannung σ_B [p/mm²]	Variationskoeffizient Bauschspannung V [%]	Volumenbezogene Bauscharbeit A_{BV} [kpcm/cm³]	Bauschspannungsverhältnis nach $K_i = 50$ [%]
Polyacrylnitril-wt (30:70) gedämpft	32/2	22	2,5	123	84
Schafwolle	32/2	12	2,9	66	84
Polyacrylnitril-wt (30:70) ungedämpft	32/2	6	7,3	32	80
Polyesterfaser-wt	36/1	3,8	6,1	21	79
Polyesterfaser-wt	48/2	3,3	9,5	18	67
Viskosefaser-tt	16/4	3,2	18,2	17	70
Viskosefaser-tt	16/1	2,2	10,3	12	53
Polyamidfaser-wt	48/2	2,2	7,8	12	56
Viskosefaser-wt	56/1	2,0	3,0	11	61
Viskosefaser-wt	48/2	1,9	14,1	10	68

Prüfbedingungen: Porenvolumen $V_P = 96{,}7\%$; Kompression $K_W = 67{,}5\%$; $n = 5$

Tabelle 11. Abhängigkeit zwischen Bauschspannung und Gespinstfülligkeit

Provenienz	Fadennummer [Nm]	Fülligkeitsfaktor bei $K_W = 0$	Bauschspannung σ_B [p/mm²] bei Kompression K_W [%] 48	58	68	77	85
WOLPRYLA Wolfen gefärbt, gedämpft	32/2	24	6	12	22	40	81
Wolle	32/2	22	4	7	12	23	44
WOLPRYLA Wolfen 380 Dr/m	36/1	21	3	7	14	28	62
WOLPRYLA Wolfen 360 Dr/m	32/1	20	3	7	10	26	60
WOLPRYLA Wolfen 340 Dr/m	28/1	20	4	6	16	27	59
WOLPRYLA Wolfen 400 Dr/m	40/1	20	3	6	14	22	57
Dedotex $E = 9{,}8\%$	5,4	20	2	4	7	10	23
Dedotex $E = 23{,}5$	5,4	19	3	5	10	23	51
WOLPRYLA Wolfen rohweiß, gedämpft	32/2	17	2	3	9	17	42
GRISUTEN 590/196 Dr/m	48/2	16	1	2	3	8	21
Viskosefaser	16/4	13	—	2	3	9	27
Viskosefaser	16/1	12		1	2	6	22
DEDERON 590/196 Dr/m	48/2	12	0,6	1	2	7	19
Viskoseseide	75(30)	6	—	2	4	9	13

Prüfbedingungen: Porenvolumen $V_P = 96{,}7\%$; bei VIS = $V_P = 93{,}2\%$ und $K_W = 75, 79, 84, 88\%$; $n = 5$

Tabelle 12. Zusammenhang zwischen Biegesteifheits- und Biegekraftmessungen an Geweben

Kleiderstoff in Kette und Schuß aus 100%	Masse je m² Fläche	Biegesteifheit		Bauschkraft- (Biegekraft) P		Bauschkraft-verhältnis bei $K_i = 50$	Biegesteifheit Variations-koeffizient		Bauschkraft Variations-koeffizient	
		Kette	Schuß	$K_i = 1$	$K_i = 50$		Kette	Schuß	$K_i = 1$	$K_i = 50$
	[g]	[mg · cm]		[p]		[%]	[%]		[%]	
Wolle	186	107	79	125	107	86	4,7	8,0	24,1	10,3
Viskosefaser	197	92	81	102	69	68	3,0	4,2	24,8	15,5
DEDERON-Faser	184	176	110	137	92	67	3,6	3,1	7,4	11,1
GRISUTEN-Faser	202	171	115	193	166	86	8,1	4,0	7,3	12,8
WOLPRYLA-Faser	203	234	261	220	218	99	5,6	3,1	11,0	8,2
Pe Ce	210	1311	1013	550	358	65	8,6	10,3	7,5	7,1

Prüfbedingungen: Biegesteifheit = Cantilevermethode $n = 3 \cdot 4$;
Bauschkraft = kreisförmiger Gewebeabschnitt am Lamellenumfang;
Kompressionsstufe $u = 3{,}5$ mm; $n = 5$

ser Prüfapparatur ermittelt werden kann, besitzt eine spezifische Aussage. Das entspricht durchaus dem unterschiedlichen Inhalt beider Bewertungsgrößen. Während der Fülligkeitsfaktor das Raumverhältnis zwischen Gespinstkörper und Substanz widerspiegelt, verdeutlichen die gemessenen Bauschigkeitskenngrößen den Formänderungswiderstand, der dem Material innewohnt.

Schließlich wird in Tabelle 12 veranschaulicht, daß die erläuterte neue Meßmethode es gestattet, Biegekraftmessungen an Gewebe durchzuführen. Es wurden Gewebeabschnitte derart vorbereitet, daß dieselben als Zylinder glatt in die Innenwand der völlig geöffneten Lamellen des Bauschigkeitsmeßkopfes angelegt werden konnten. Danach wurde die Biegekraft bei einer Kompression von 33% in üblicher Weise in Abhängigkeit von der Zyklenzahl registriert und ausgewertet. Die erzielten Biegekraftwerte in p wurden den mit der Cantilevermethode erhaltenen Biegesteifheitswerten gegenübergestellt. Es ist eine sehr gute Übereinstimmung erkennbar. Die neue Meßmethode hat damit ihre recht breite Anwendungsmöglichkeit bewiesen.

Zur Kennzeichnung der Übereinstimmung der mit dieser Methode erzielten Ergebnisse mit dem praktischen, von Hand getesteten Bauschigkeitsverhalten wurden je 10 Flocken- und 10 Zwirnmuster 11 Personen zur Beurteilung vorgelegt und danach die Rang- bzw. Einzelkorrelation zur gemessenen Rangfolge berechnet. Naturgemäß waren die Ergebnisse an den Zwirnproben am günstigsten. Nach der *Kendall*schen Rangkorrelation ergab sich aus den 11 Beobachtungsergebnissen mit der Meßwertrangfolge ein Übereinstimmungskoeffizient von 0,70; einzelne Beobachter (Spinnereifachleute) erreichten Korrelationskoeffizienten von 0,97 und 0,93; bei der Faserflocke wurden im gekrempelten Zustand Koeffizienten von 0,94 und im ungeöffneten Zustand von 0,81 erreicht.

Diese gute Übereinstimmung mit den praktischen Bewertungen und Erfahrungen spricht für die Methode.

5 Zusammenfassung

Zusammenfassend wird deshalb eingeschätzt, daß die beschriebene Methodik geeignet ist, die bestehende meßtechnische Lücke zu schließen; daß sie es ermöglicht, das für die Entwicklung von Chemiefaserstoffen höchster Gebrauchseignung äußerst wichtige Qualitätsmerkmal „Bauschigkeitsverhalten" ziffernmäßig reproduzierbar zu bewerten. Als besonderer Vorteil ist dabei anzusehen, daß unter einheitlichen Meßbedingungen gleichermaßen Faserflocke, Bänder, Gespinste, Seiden, Kräuselfäden und Flächengebilde gemessen werden können. — Für die Methode spricht ferner die gute Korrelation der erhaltenen Meßergebnisse mit den praktischen Erfahrungen und der entsprechenden Faserstoff-Rangordnung. —

Abschließend dankt der Verfasser recht herzlich Herrn Dipl.-Ing. *Stöver* für die ausgezeichnete Konstruktion des Meßgerätes, dem Werkstattkollektiv des Instituts für Textiltechnologie der Chemiefasern für die sehr präzise Fertigung desselben und Frau *Slametschka* für die fleißige, verständnisvolle und umsichtige Durchführung der Messungen.

Literatur

[1] *Herzog, G.*, Polsterroßhaar und seine Prüfung. Mitt. Material-Prüfamt Berlin-Dahlem 1916, S. 326.

[2] *de Mc Carty, P. C.*, und *Dusenbury, I. H.*, On the Bulk Compression Characteristics of Wool Fibres. Textile Res. J. **25** (1955) 10, S. 875—885.

[3] *Fok, S. M.*, und *Finzel, T. G.*, Improved Method for Bulk Compression of Staple Fibres. Textile Res. J. **26** (1956) 9, S. 684—686.

[4] *Vieth, H.*, Über ein Verfahren zur Messung der Bauschigkeit an der Faserflocke. Faserforsch. u. Textiltechn. **10** (1959) 3, S. 104—114.

[5] *Rudolph, L.*, Ein neues mechanisiertes Bauschelastizitätsgerät. Dt. Textiltechnik **8** (1958) S. 378—380.

[6] *Eggert, M.*, Verfahren und Vorrichtung zur Feststellung des elastischen Verhaltens von Textilwerkstoffen und aus ihnen hergestellten Stoffen. DRP 40 2661 Kl 42k vom 19. 9. 1922.

[7] *Eggert, M.*, und *Eggert, J.*, Das elastische Verhalten von Faserstoffbauschen. In: *H. Mark*, Beiträge zur Kenntnis der Wolle und ihrer Bearbeitung. Berlin: Bornträger 1925.

[8] *Winson, G. G.*, Report on a Method for Measuring the Resilience of Wool. J. Textile Inst. **23** (1932) S. T386 bis T393.

[9] *Schürmann, H.*, Verfahren und Vorrichtung zum Bestimmen der Bauschelastizität von Fasergut. DRP 664295 und 742157 Kl 42k.

[10] *Henning, H. J.*, Über die Messung der Bauschelastizität von Textilien. Melliand Textilber. **15** (1934) 12, S. 537 bis 540.

[11] *Kolb, H. J.*, *Stanley, H. E.*, *Busse, W. F.*, und *Billmeyer, F. W.*, Die Anwendung hoher Kompressions-

drücke auf Textilfasern. Textile Res. J. **23** (1953) 2, S. 84–90.

[12] *Schickhardt, O.*, Ausarbeitung eines Verfahrens zur Messung der Bauschelastizität von Wolle. Heft 25/1959 der Dt. Forschungsgem. Wolle.

[13] *Zimmer, H. J.*, Frankfurt/Main, Technische Information und Bedienungsanweisung zum Elektronischen Fadenspannungsmesser Bn 5401 (System Honigmann); *De Riz, O.*, Fadenspannung, ihre Messung und Anwendung in der Verarbeitungstechnik. Melliand Textilber. **37** (1956) 12, S. 1371–1374.

[14] *Böhringer, H.*, und *Graf, W.*, Aus der Zellwollforschung. II. Gebrauchsgewebe aus verschiedenen Faserarten und ihr Gütevergleich. Melliand Textilber. **24** (1943) 8, S. 347–352.

[15] *Böhringer, H.*, und *Graf, W.*, Aus der Zellwollforschung. III. Von der Substanzdichte zur Faserfülligkeit. Melliand Textilber. **27** (1946) 3/4, S. 106–110.

[16] *Naumann, J.*, Erfahrungen mit Bauschgarnen aus Polyacrylnitrilfasern Typ WOLPRYLA Wolfen in der Strickerei. Dt. Textiltechnik **13** (1963) 7, S. 361–364.

[17] *Decker, V.*, Untersuchungen an Schrumpfgarnen aus Polyacrylnitril. Mitt. Inst. Textiltechnol. Chemiefasern **7** (1963) 5, S. 255–259.

Eingegangen am 5. Mai 1964

Ein Beitrag zur Zählung der Masern

Franz Kriesche und Achim Clement

85. Mitteilung aus dem Institut für Textiltechnologie der Chemiefasern, Rudolstadt-Schwarza

DK 677.494.675–042.2:531.791:620.1:677

Es werden Masern an einer geeigneten Polyamidseide gezählt. Die beschriebenen Zählmethoden basieren auf verschiedenen Merkmalen. Die geometrischen Merkmale werden in Form von Häufigkeitsverteilungen dargestellt. Die Beziehungen zwischen Zählergebnissen verschiedener Prüflängen werden erläutert und entsprechende Schlußfolgerungen gezogen.

К вопросу об определении числа наплывов

Определено число наплывов на образце полиамидного шелка, причем были применены различные методы определения. Геометрические показатели последних представлены в виде кривых распределения по частоте. Рассмотрены взаимоотношения между результатами, полученными при измерении участков различной длины, и сделаны соответствующие выводы.

A Contribution to the Counting of Thickened Sites in Elementary Filaments

The thickened sites of elementary filaments of a polyamide multifilament yarn have been counted. The counting methods are based on different characteristics. The geometrical characteristics are represented by frequency distributions. The relations between the counting results obtained on samples of different length are discussed and corresponding conclusions are drawn.

1 Einleitung

In Polyamidseiden können Masern auftreten. Als Masern werden lokale Fadenverdickungen der Monofil-Seiden bzw. der Elementarfäden der Polyfil-Seiden bezeichnet. Nach ihrer Entstehung unterscheidet man Spinn-Masern und Textil-Masern [1]. Die Auswirkungen der Spinn-Masern sind sowohl quantitativer als auch qualitativer Art, denn sie können bei der Verarbeitung der Seide zu Fadenbrüchen führen und im textilen Flächengebilde dessen Repräsentationsgüte vermindern.

Der Seidenhersteller ist bemüht, das Entstehen der Masern mit Hilfe geeigneter technologischer Maßnahmen zu verhindern. Die Wirkung der Maßnahmen kann durch Zählen der Masern festgestellt werden. Außerdem ist das Zählen Voraussetzung für eine genaue Qualitätseinstufung der Fertigseide bezüglich Masern. Die Zähl- und Auswertmethoden der Praxis führen aber häufig zu Ergebnissen, die schlechte Schätzungen der statistischen Erwartungswerte zu untersuchender Posten darstellen. Deshalb scheint es angebracht, die Problematik der Zählung der Masern von der statistischen Seite her zu betrachten. Dabei sollen Untersuchungen an einer geeigneten Polyamid-Seide als Grundlage dienen.

2 Statistische Definition der Maser

Die Masern erscheinen unter dem Begriff Ungleichmäßigkeit des Fadentiters. Die Ungleichmäßigkeit ist der qualitative Ausdruck für wiederholt auftretende Änderungen einer Eigenschaft. Sie wird häufig durch die statistische Maßzahl des Variationskoeffizienten beschrieben. Kennzeichen der Titerungleichmäßigkeit sind Schwankungen der Fadenmasse konstanter Fadenlänge (Integrationslänge).

Die Häufigkeitsverteilung der Titerschwankungen ist bei homogenen Produktionsbedingungen als symmetrisch zu erwarten (*Gauß*-Verteilung). Bei inhomogenen Produktionsbedingungen treten neben den zufälligen Abweichungen vom Mittelwert, die innerhalb der 3σ-Grenzen liegen, auch nicht zufällige auf, die die ursprüngliche Häufigkeitsverteilung unsymmetrisch gestalten.

Solche Erscheinungen können von Masern verursacht werden, vorausgesetzt, daß die Integrationslänge bei der Prüfung der Titerungleichmäßigkeit in der Größenordnung der Länge der Masern liegt. Bild 1 zeigt diese Verhältnisse schematisch. Im Gebiet der Titerschwankungen rechts von der positiven 3σ-Grenze befinden sich die Masern.

Unter Anwendung statistischer Methoden kann man das Gebiet der Masern von dem der normalen Titerschwankungen trennen. Dann ergeben die normalen Titerschwankungen wieder eine symmetrische und nur die Masern mit dem Merkmal Masse eine unsymmetrische Häufigkeitsverteilung. Auch bei der Klassierung dicker Stellen im Garn sind schiefe Verteilungen gefunden worden [2, 3]. In den nachstehenden Ausführungen wird die unsymmetrische Häufigkeitsverteilung der Masern im Mittelpunkt der Betrachtungen stehen.

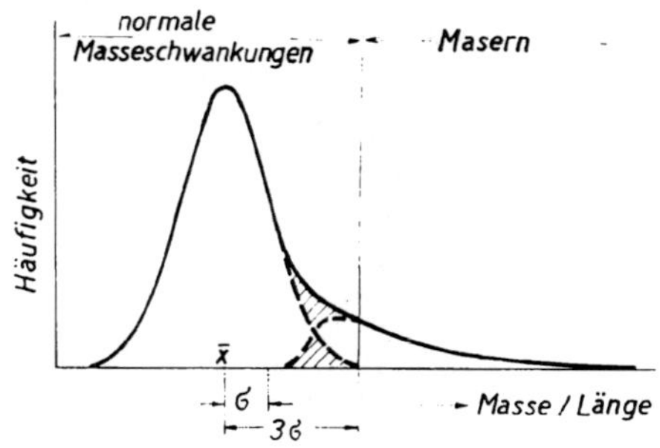

Bild 1. Normale Titerschwankungen und Masern

3 Zählmethoden

Die Empfindlichkeit der Zählmethoden müßte gewährleisten, daß die nach Bild 1 definierte Häufigkeitsverteilung der Masern erfaßt wird. In der Praxis ist die Unterscheidung zwischen normalen Titerschwankungen und Masern in Nähe der 3σ-Grenze jedoch unsicher. Eine Unterscheidungsgrenze wird also weiter rechts von der 3σ-Grenze liegen. Da die Zählmethoden neben der Masse auch die Dicke der Maser als Merkmal benutzen und außerdem die Empfindlichkeit der Zählmethoden verschieden ist, wird sich keine einheitliche Unterscheidungsgrenze angeben lassen.

3.1 Visuelle Zählung der Masern

Werden Masern visuell gezählt, dann fungieren das Volumen bzw. die Projektionsfläche bei Betrachtung der Maser senkrecht zur Fadenachse als Merkmale. Sind Dichteunterschiede zwischen den Masern vernachlässigbar, kann dafür das Merkmal Masse gesetzt werden.

Die Unterscheidungsgrenze fällt bei der visuellen Zählung mit der Sichtbarkeitsgrenze zusammen. Sie wird auf der Merkmalsachse der Verteilung des Bildes 1 von den Zählmethoden des gleichen Merkmales am weitesten rechts liegen. Sie unterliegt subjektiven Einflüssen und kann außerdem nur nach Länge und Dicke differenziert größenordnungsmäßig angegeben werden (siehe 5).

Am laufenden Faden ist die visuelle Zählung der Masern nicht möglich. Am ruhenden Faden wird in Verbindung mit der Methode des Auftafelns eine größere Fadenlänge gleichzeitig erfaßt, wobei durch die parallelliegende Fadenschar eine Steigerung des Kontrastes zwischen Faden und Maser und damit eine bessere Sichtbarkeit der Masern gegeben ist.

Am textilen Flächengebilde kann eine zusätzliche Kontraststeigerung durch Anfärben mit spezifisch wirkenden Farbstoffen erreicht werden [4]. Größtenteils erfolgt die visuelle Bewertung der Flächengebilde bezüglich Masern nicht auf der Grundlage des genauen Zählens, sondern des Schätzens mit Einstufung in Rängen.

3.2 Apparative Zählmethoden

Im Gegensatz zu den visuellen Zählungen liefern die apparativen Methoden bei konstanten Prüfbedingungen reproduzierbare Ergebnisse. Die apparativen Zählmethoden basieren größtenteils auf der Messung der Merkmale Masse und Dicke. Sie werden am laufenden Faden eingesetzt. Ihre Anwendung auf Flächengebilde ist bei der Noppenzählung mit Hilfe optischer Methoden versucht worden [5].

3.2.1 Zählmethoden auf der Basis Dicke

Diesen Zählmethoden liegt eine mechanische oder optische Impulsgabe durch die Fadendicke zugrunde, wenn diese einen bestimmten Schwellwert überschreitet, der mit der Unterscheidungsgrenze identisch ist. Zur Zählung der Masern ist das „Elkometer“ [6, 7, 8] geeignet, dessen Tastkopf nach dem mechanisch-elektrischen Prinzip arbeitet. Das „Elkometer“ wurde auch im Rahmen unserer Untersuchungen angewendet. Weil das Erscheinungsbild der Maser durch das Merkmal Masse gegeben ist, die Zählung mit dem „Elkometer“ aber auf dem Merkmal Dicke basiert und zwischen Länge und Dicke der Maser keine Korrelation besteht (siehe 5.3.1), muß die Empfindlichkeit des Tastkopfes so fein wie möglich eingestellt werden. Die Empfindlichkeit kann für den Fall einer kreisrunden monofilen, nicht aber für eine polyfile Seide anhand des Fadentiters und der Unterscheidungsgrenze (siehe 5.1) im voraus berechnet und eingestellt werden. Nähere Angaben über den Einfluß der Tastkopfeinstellung, der Prüfgeschwindigkeit und des Abstandes aufeinanderfolgender Dickstellen auf das Zählergebnis werden von *Stein* [8] gemacht.

3.2.2 Zählmethoden auf der Basis Masse

Zur apparativen Bestimmung der Masseungleichmäßigkeit der Textilfäden werden u. a. auf dem kapazitiven

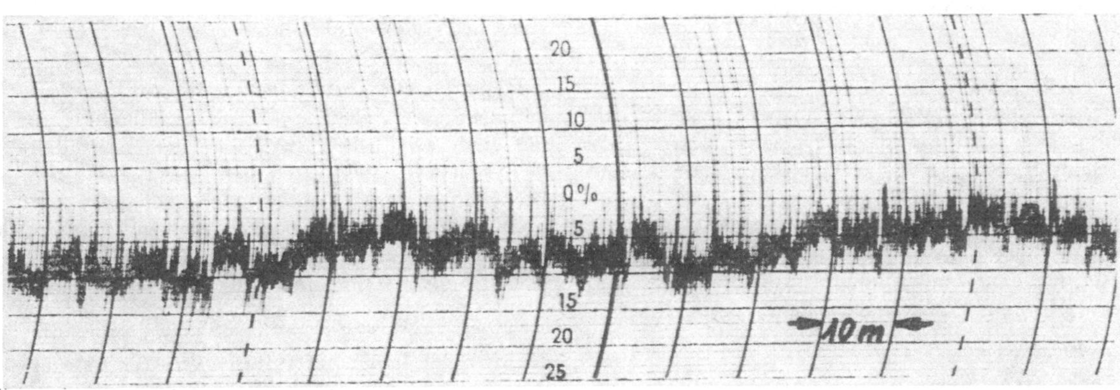

Bild 2. Masern im Masseschwankungsdiagramm des Fadengleichmäßigkeits-Prüfgerätes „Uster“, Polyamidseide Nm 200(9) [5,9) tex], Meßbereich 25%, Fadengeschwindigkeit 25 m/min

Meßprinzip beruhende Geräte eingesetzt. Am Fadengleichmäßigkeits-Prüfgerät „Uster" [9] trägt die Anzeige relativen Charakter, und kurze Fadenverdickungen erscheinen im Diagramm als positive Strichausschläge, wie es Bild 2 zeigt. Für das Auszählen der Strichausschläge gibt es spezielle Auswertgeräte, den „Hy-Lo"- und „Imperfection-Indicator" [3, 7]. Diese sind zum Zählen von Dick- und Dünnstellen in Garnen ausgebildet, wobei die vorgegebenen Unterscheidungsgrenzen allerdings nicht der Größenordnung der Masern entsprechen. Wir verwenden das Masseschwankungsdiagramm des Prüfgerätes „Uster" lt. Bild 2 und bestimmen die Anzahl Masern durch Auszählen der positiven Strichausschläge bestimmter Amplitude. Von welcher Amplitude ab Masern zu zählen sind, wird von der Unterscheidungsgrenze zwischen normalen Titerschwankungen und Masern vorgegeben. Bei monofilen Seiden ist die prozentual auf die mittlere Fadenmasse bezogene Unterscheidungsgrenze gleich dem 3- bis 3,5-fachen Variationskoeffizienten der normalen Masseschwankung. Bei polyfilen Seiden weisen innerhalb eines Fadenquerschnittes äußerst selten zwei oder mehr Elementarfäden gleichzeitig Spinn-Masern auf, deshalb ist hier die auf die Masse des Elementarfadens bezogene Amplitude angenähert gleich der aus dem Masseschwankungsdiagramm abgelesenen Amplitude multipliziert mit der Elementarfadenzahl. Eine Unterscheidungsgrenze kann bei polyfilen Seiden nicht ohne weiteres zahlenmäßig festgelegt werden. Hier müssen schon die kleinsten von den normalen Masseschwankungen sich unterscheidenden Strichausschläge gezählt werden.

4 Untersuchungsmaterial

Als Untersuchungsmaterial lag eine zur Zählung der Masern geeignete Polyamidseide PAS-mt-sz Nm 200(9) [5(9) tex] vor. Die Auswahl der Prüflose erfolgte nach bestimmten Richtlinien. Je Aufmachungseinheit wurden 5 km Fadenlänge mit dem „Elkometer" und 250 m mit dem „Uster" auf Masern untersucht. Insgesamt setzte sich die Probe aus 2400 km mit dem „Elkometer" und aus 120 km mit dem „Uster" geprüften Fadens zusammen. Zählergebnisse bei Fadenlängen, die größer als die Prüflängen 5 km bzw. 250 m sind, wurden durch entsprechende Addition der Anzahl Masern und Prüflängen erhalten.

Die folgenden Untersuchungsergebnisse besitzen nur für das speziell ausgewählte Prüflos Gültigkeit und können auf andere Titer qualitativ, nicht aber quantitativ übertragen werden.

5 Geometrie der Masern

Die Geometrie der Masern, gekennzeichnet durch Länge und Dicke, ist für die Sichtbarkeitsgrenze entscheidend. Außerdem ist die Korrelation zwischen den Merkmalen Masse, Dicke und Länge für einen Vergleich der Zählergebnisse der genannten Zählmethoden von Bedeutung. Zur Untersuchung der Geometrie wurden mit dem „Elkometer" und am Wirkstück visuell gefundene Masern auf Länge und Dicke ausgemessen.

5.1 Dicke der Masern

Die Dicke einer Maser ist in axialer Richtung veränderlich. Sie erreicht ungefähr in der Mitte der Maser ihr Maximum. Wir verwenden bei kreisförmigem Querschnitt des Fadens den maximalen Durchmesser als Kennzeichen der Dicke. Mit diesem Merkmal gefundene Häufigkeitsverteilungen enthält Bild 3. Die untere Grenze der Häufigkeitsverteilung der Dicke der Masern ist die Unterscheidungsgrenze zwischen normalen Titerschwankungen und Masern, die obere Grenze der Verteilung wird vom Durchmesser der Düsenöffnung gebildet. Der Mittelwert der Dicke der Masern liegt dichter bei der Unterscheidungsgrenze, so daß die Verteilung eine geringe Tendenz zur Bevorzugung größerer Dicken aufweist. Die Tendenz ist aber praktisch vernachlässigbar und die Häufigkeitsverteilung der Dicke der Masern kann als normal angesehen werden.

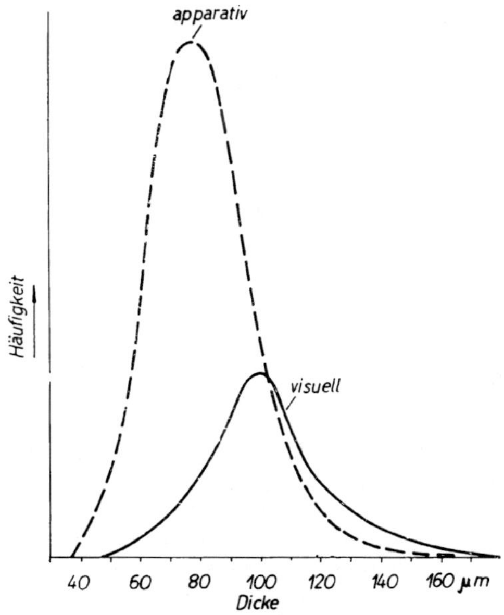

Bild 3. Häufigkeitsverteilung der Dicke der Masern in Polyamidseide Nm 200(9) [5(9) tex]

Die Verteilung der Dicke der apparativ („Elkometer") und visuell gefundenen und nachträglich bezüglich ihrer Dicke ausgemessenen Masern unterscheiden sich auf Grund der größeren Empfindlichkeit des „Elkometers" und der Verschiedenheit des in die Erfassung eingehenden Merkmales. Die Kennwerte der Verteilungen des Bildes 3 wurden berechnet zu:

„Elkometer"-Zählung	$\bar{x} = 81{,}2\ \mu m$,
	$s = 18{,}3$ „ ;
visuelle Zählung	$\bar{x} = 99{,}8$ „ ,
	$s = 21{,}5$ „ .

Legt man die Unterscheidungsgrenze für beide Verteilungen an die Stelle $\bar{x}-2s$, dann fällt diese ungefähr mit dem zweifachen mittleren Elementarfadendurchmesser der Nm 200(9), nämlich $50\ \mu m$, zusammen, d.h. Dickenabweichungen mindestens über dem zweifachen Elementarfadendurchmesser können in PAS Nm 200(9) noch als Masern gezählt werden, wenn das Merkmal Dicke in die Messung eingeht.

5.2 Länge der Masern

Unter der Länge einer Maser versteht man die Entfernung zwischen den beiden Übergängen des Durchmessers der Maser auf den normalen Elementarfadendurchmesser. Die Fixierung der Übergänge ist geome-

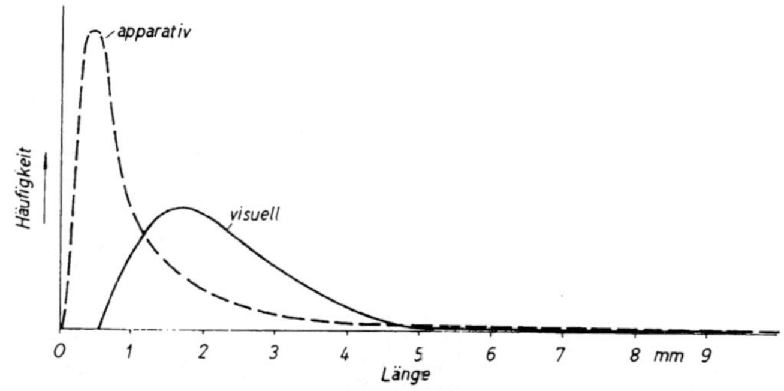

Bild 4. Häufigkeitsverteilung der Länge der Masern in Polyamidseide Nm 200(9) [5(9) tex]

trisch nicht eindeutig. Besser lassen sich die Übergänge mit Hilfe der Interferenzfarben bei polarisationsoptischen Betrachtungen festlegen. Die Meßergebnisse der geometrischen und polarisations-optisch bestimmten Längen unterscheiden sich aber z. T. beträchlich.

Die Angabe der Länge einer Maser ist immer mit einer gewissen Unsicherheit verbunden.

Im Bild 4 sind die Häufigkeitsverteilungen der geometrisch ausgemessenen Längen von apparativ („Elkometer") und visuell gefundenen Masern gegenübergestellt. Diese Verteilungen sind stark unsymmetrisch. Unabhängig vom Mittelwert treten kurze Masern stets mit einer größeren Wahrscheinlichkeit auf als lange Masern. In 185 Fadenstücken der Länge 5 km wurden Masern gezählt, bezüglich ihrer Länge ausgemessen und in Klassen eingeteilt. Die Anzahl Masern in der Klasse < 1 mm Länge und die Anzahl in der Klasse > 2 mm Länge ein und desselben Fadenstückes wurden einander zugeordnet und einer Korrelationsrechnung unterzogen. Das berechnete Bestimmtheitsmaß besagt, daß in 60% aller 5 km-Fadenstücke viele Masern großer Länge auftreten, wenn auch dementsprechend viele Masern kleiner Länge anzutreffen sind. Das Resultat kann dann von Bedeutung sein, wenn Zählergebnisse auf der Basis Länge, die bei verschiedenen Empfindlichkeiten erhalten wurden, verglichen werden sollen.

Die prozentualen Unterschiede zwischen den Mittelwerten der gemessenen Merkmale der apparativ („Elkometer") und visuell gefundenen Masern sind bei den Verteilungen der Länge größer als bei denen der Dicke. Die Mittelwerte der Häufigkeitsverteilungen von Bild 4 sind:

„Elkometer"-Zählung $\bar{x} = 1{,}1$ mm,

visuelle Zählung $\bar{x} = 2{,}6$ mm.

Daraus ist zu schließen, daß bei der visuellen Zählung für eine gegebene Dicke der Maser die Länge erst einen bestimmten Betrag erreichen muß, ehe die Maser mit dem Auge festgestellt werden kann.

Das Merkmal Länge der Maser geht in die „Elkometer"-Zählung nicht ein. Also kann nur die Sichtbarkeitsgrenze dieses Merkmales festgestellt werden. Die Verteilung der visuell gefundenen Masern des Bildes 4 zeigt, daß bei Nm 200(9) Masern ab ca. 0,5 mm Länge noch festgestellt werden können. Wird die Unterscheidungsgrenze auf 0,5 mm Länge festgelegt, so ist zu beachten, daß die meisten Masern kleinere Längen besitzen und demnach nicht mit gezählt werden.

5.3 Korrelation zwischen Masse, Länge, Dicke

Wie bereits angeführt, sprechen die Zählmethoden auf verschiedene Merkmale der Maser an. Daraus folgt, daß die Zählergebnisse unterschiedlicher Methoden auch für das gleiche untersuchte Fadenstück nicht vergleichbar sind, wenn zwischen den Merkmalen keine Korrelation besteht.

5.3.1 Korrelation zwischen Länge und Dicke

Im Bild 5 sind 1000 ausgemessene Dicken und Längen von Masern, die mit dem „Elkometer" gefunden wurden, in gegenseitiger Abhängigkeit dargestellt. Es ist zu erkennen, daß zwischen beiden Merkmalen nur ein loser Zusammenhang besteht. Drei Korrelationsrechnungen für 200, 50 und nochmals 50 zugeordnete Längen und Dicken ergaben wenig von Null abweichende Bestimmtheitsmaße. Danach besteht zwischen Länge und Dicke einer Maser kein Zusammenhang. Für eine geometrische Charakterisierung der Masern müssen also Länge *und* Dicke gemessen werden. Damit wird bestätigt, daß die Masse das entscheidende Merkmal der Maser ist.

5.3.2 Korrelation zwischen Masse und Länge bzw. Masse und Dicke

Da zwischen Länge und Dicke der Maser keine Korrelation besteht und sich die Schwankungen der Dicke in kleineren Dimensionen als die Schwankungen der Länge bewegen, ist anzunehmen, daß beide Merkmale mit verschiedenem Gewicht in die Masse eingehen.

Zur Klärung des Sachverhalts wurden die Masse in Form der Amplitude im Diagramm des Prüfgerätes „Uster" und die zugehörige Länge und Dicke der Maser einer Korrelationsrechnung unterzogen. Für 300 zugeordnete Werte der Masse und Dicke wurde ein

Bild 5. Korrelation zwischen Länge und Dicke der Masern

statistisch gesichertes Bestimmtheitsmaß von ca. 0,5 und der Masse und Länge von ca. 0,1 berechnet, d. h. die Dicke einer Maser hat auf die Masse einen größeren Einfluß als die Länge. Die als Masseäquivalent zu betrachtende Größe Durchmesserquadrat mal Länge müßte in Korrelation zur Amplitude das beste Bestimmtheitsmaß ergeben. Es wurde zu ca. 0,6 berechnet.

Visuelle Zählungen der Masern und Zählungen mit dem „Elkometer“ führen also zu Ergebnissen, die nicht miteinander vergleichbar sind, denn kleine Masern, d. h. Masern kleiner Länge, können visuell nicht mehr festgestellt werden, obwohl ihre Dicke im Bereich der im Bild 3 dargestellten Verteilungen liegt. Die Ergebnisse der „Elkometer“- und der „Uster“-Zählung können lt. Korrelationsrechnung ineinander umgerechnet werden, wenn dasselbe Fadenstück beschrieben werden soll.

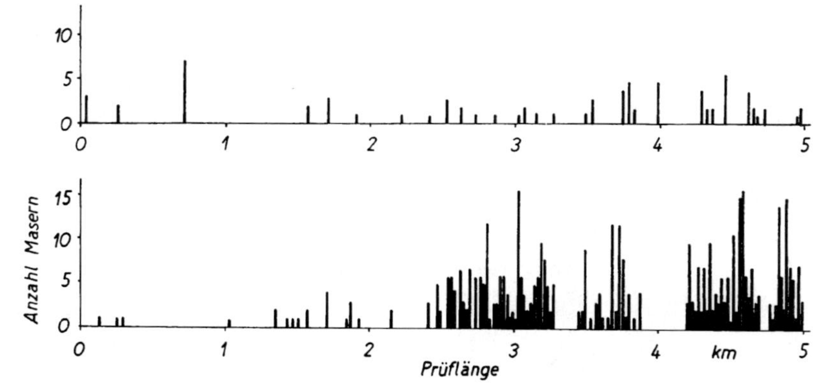

Bild 6. Verteilung der Masern über 5 km Fadenlänge

6 Meßgröße der Zählung der Masern

Als Meßgröße wird bekanntlich die Anzahl Masern pro Fadenlänge verwendet. Dabei ist zwischen geprüfter Fadenlänge (Prüflänge) und einer für Vergleichszwecke notwendigen, festgelegten Länge (Bezugslänge) zu unterscheiden. Die Anzahl Masern pro Prüflänge wird auf die Anzahl Masern pro Bezugslänge umgerechnet. Für die Bezugslänge sind 100 km üblich. Also lautet die Meßgröße:

Anzahl Masern pro 100 km Fadenlänge.

Bei der Beurteilung textiler Flächengebilde muß die Prüflänge aus den geometrischen Daten des Flächengebildes berechnet werden.

Der Prüfaufwand wird vorrangig von der Prüflänge bestimmt. In der Praxis ist die Prüflänge meistens sehr viel kleiner als die Bezugslänge. Die Umrechnung von einer kleinen auf eine große Fadenlänge ist an bestimmte Voraussetzungen gebunden, die im nächsten Abschnitt näher untersucht werden sollen.

7 Häufigkeitsverteilung der Anzahl Masern in Abhängigkeit von der Prüflänge

Die Umrechnung der Anzahl Masern einer Prüflänge auf die Anzahl Masern der größeren Bezugslänge ist eine mathematische Manipulation, die voraussetzt, daß die nicht geprüfte, aber durch die Rechnung erfaßte Fadenlänge dieselbe Verteilung der Masern besitzt wie die Prüflänge, d. h. die Abstände aufeinanderfolgender Masern müssen längs des gesamten Fadens annähernd denselben Betrag aufweisen.

Im Bild 6 ist das Auftreten des Masern in Abhängigkeit von der Länge anhand von zwei Beispielen dargestellt. Neben den angeführten Verteilungen, die innerhalb der Fadenlänge 5 km einerseits nahezu homogenen und andererseits inhomogenen Charakter zeigen, gibt es auch solche Fadenlängen von 5 km, die keine Masern enthalten. Würde z. B. das Zählergebnis 0 Masern auf 5 km Prüflänge sein, dann erhält man durch Umrechnung ebenfalls 0 Masern auf 100 km Bezugslänge. Es ist unwahrscheinlich, daß die restlichen, nicht geprüften 95 km Faden gleichfalls keine Maser enthalten. Da die Mehrzahl der untersuchten Fadenstücke von 5 km Länge inhomogen verteilte Masern enthält, ist die Umrechnung mit einem Fehler behaftet. Die Größe des Fehlers ist dem Quotienten Bezugslänge durch Prüflänge proportional. Zur Ausschaltung des Umrechnungsfehlers müßte der Quotient gleich 1 sein oder die Verteilung der Masern bei Prüflänge und Bezugslänge demselben statistischen Verteilungsgesetz gehorchen [10]. Die Kenntnis des Verteilungsgesetzes der Anzahl Masern ist auch für die Angabe des Vertrauensbereiches eines Zählergebnisses in Abhängigkeit von der Prüflänge notwendig. Deshalb soll die Verteilung der Anzahl Masern bei verschiedenen Prüflängen einer näheren Betrachtung unterzogen werden.

Das Merkmal Anzahl Masern ist ein Zählergebnis, und man könnte theoretisch die gleichen Gesetzmäßigkeiten erwarten wie etwa bei Fadenbrüchen oder Noppen. Für diese Ereignisse wird gewöhnlich eine *Poisson*-Verteilung angesetzt, die bei einer entsprechenden Größe des arithmetischen Mittelwertes bzw. der Prüflänge in eine *Gauß*-Verteilung übergeht. Über das Verteilungsgesetz der Fadenbrüche und Noppen gibt es aber unterschiedliche Auffassungen.

Die Häufigkeitsverteilung der Anzahl Masern bei verschiedenen Prüflängen enthält Bild 7. Es ergeben sich durchweg schiefe Verteilungen, bei denen mit steigendem Mittelwert, d. h. steigender Prüflänge, auch die Streuung wächst. Bei sehr großen Prüflängen scheint die Verteilung in eine symmetrische überzugehen. Deshalb entsteht die Vermutung, daß die experimentell ermittelten Verteilungen den Gesetzmäßigkeiten der *Poisson*-Verteilung gehorchen. Die numerisch berechneten Standardabweichungen sind allerdings so groß, daß eine Übereinstimmung weder mit der *Poisson*- noch mit der binomischen, hyperbolischen oder Gamma-Verteilung nachweisbar ist. Die genannten theoretischen Verteilungen füllen bei der vorliegenden Klassenbreite für die vorgegebenen Mittelwerte nur wenige Klassen der Verteilungen des Bildes 7 aus. Auch ergeben die Mittelwerte der Verteilungen der Masern schon bei der Meßgröße Anzahl Masern pro 500 m Beträge, die nicht mehr als seltene Ereignisse angesehen werden können.

Auf Grund der vorliegenden Untersuchungen läßt sich kein theoretisches Vorbild für die Verteilung der

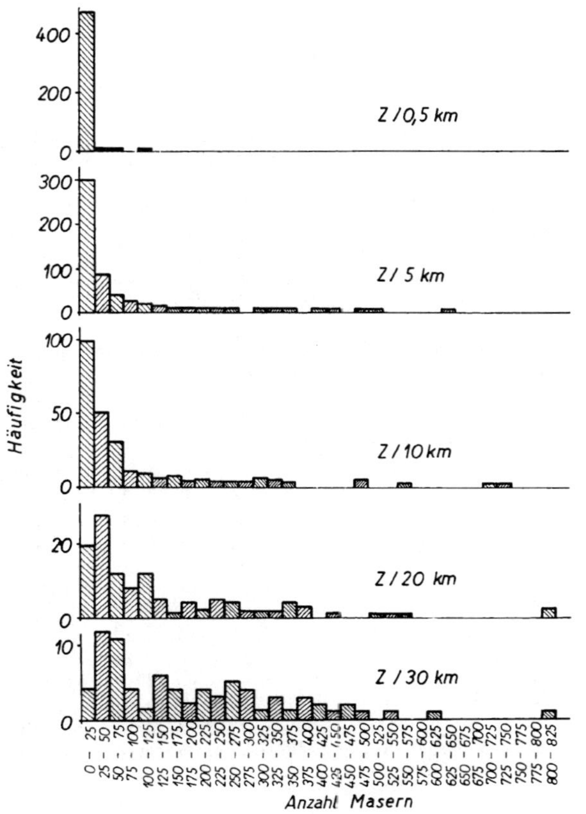

Bild 7. Häufigkeitsverteilung der Anzahl Masern bei verschiedenen Prüflängen

Masern bei veränderlicher Prüflänge angeben. Deshalb können keine Mittelwerte und erst recht keine Einzelwerte als Zählergebnis einer Prüflänge auf eine andere, größere Bezugslänge umgerechnet werden. Ebenso ist die Angabe eines Vertrauensbereiches als Schätzwert einer statistischen Erwartung in Abhängigkeit von der Prüflänge nicht möglich.

Betrachtet man die Verteilung der Masern, die auf eine bestimmte Prüflänge bezogen ist, dann behält nach der *Tschebyscheff*schen Ungleichung das Streuungsmaß in Form der Standardabweichung zwar seine Bedeutung, so daß zu dieser Verteilung ein, wenn auch verhältnismäßig weiter, Vertrauensbereich um den Mittelwert angegeben werden kann, aber eine Umrechnung von Zählergebnissen kleiner Prüflängen auf große Bezugslängen wird auch damit nicht gerechtfertigt.

Die Verteilungen des Bildes 7 enthalten Wiederholungsmessungen, die untereinander stark streuen. Wie schon erwähnt, wächst mit dem Mittelwert auch die Streuung. Dabei ist nicht zu erwarten, daß Mittelwert und Streuung im gleichen Verhältnis zunehmen. Der Variationskoeffizient in Abhängigkeit von der Prüflänge charakterisiert dieses Verhältnis. Im Bild 8 ist dessen Tendenz für zwei Prüflose dargestellt. Sie besitzt eine Analogie zu der der *Poisson*-Verteilung $1/\sqrt{x}$. Wenn die Prüflänge gleich der Integrationslänge gesetzt wird, dann könnte die Tendenz auch mit einer äußeren Längenvariationskurve verglichen werden. Die notwendige Prüflänge müßte in dem Bereich liegen, in dem der Variationskoeffizient klein und damit die

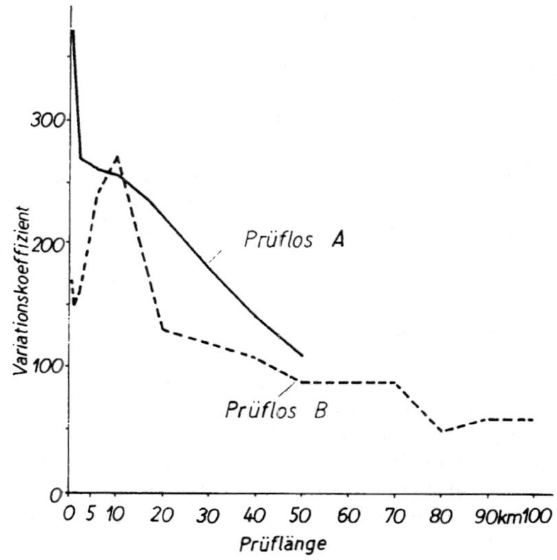

Bild 8. Variationskoeffizient der Anzahl Masern in Abhängigkeit von der Prüflänge

Reproduzierbarkeit einer Einzelzählung annähernd gewährleistet ist. Nach Bild 8 sind dafür enorme Prüflängen notwendig.

Die Schlußfolgerung aus der Verteilung der Anzahl Masern in Abhängigkeit von der Prüflänge lautet also: Bezüglich Masern gibt es auf Grund der Inhomogenität der untersuchten Polyamidseiden keine Prüflänge < 100 km, von der ab ein Zählergebnis auf die Bezugslänge von 100 km umgerechnet werden darf. Soll das Prüfergebnis auf 100 km Fadenlänge angegeben werden, dann sind auch 100 km Faden zu prüfen. Bis zur Bezugslänge aufsummierte Anzahl Masern und Prüflängen führen zu einem Zählergebnis, das zwar der Meßgröße entspricht und keine Umrechnungsfehler enthält, das aber für die Beurteilung einer Polyamidseide, die bezüglich Masern im Bereich der Bezugslänge inhomogenen Charakter trägt, aus mathematisch-statistischen Gründen auch noch nicht ausreicht. Einziges Mittel zur Bestimmung eines repräsentativen Zählergebnisses ist die Erhöhung des Probenumfanges.

8 Zusammenfassung

Das Kennzeichen einer Maser ist ihre Masse bzw. ihr Volumen. Die Zählmethoden basieren auf der Erfassung der Merkmale Masse, Dicke und Länge einer Maser. Sie setzen gewisse Unterscheidungsgrenzen zwischen den Merkmalen einer normalen Titerschwankung und denen einer Maser voraus. Die apparativen Zählmethoden benutzen hauptsächlich die Merkmale Masse und Dicke, die visuellen das Merkmal Länge. Die Zählergebnisse verschiedener Methoden sind nicht absolut vergleichbar. Für den Vergleich der Zählergebnisse verschiedener Zählmethoden ist eine Regressionsrechnung notwendig. Eine Umrechnung hat dabei nur für dasselbe Fadenstück einen Sinn.

Die Häufigkeitsverteilung der Masse und Länge von Masern ist unsymmetrisch, die Häufigkeitsverteilung der Dicke ist annähernd normal Die größte Häufigkeit besitzen Masern kleiner Längen. Die Größe einer Maser wird vorrangig durch ihre Dicke bestimmt. Zwischen der Länge und Dicke einer Maser besteht keine Korrelation. Die Sichbarkeitsgrenze einer Maser kann mit Hilfe der Merkmale Länge und Dicke gekennzeichnet werden. Bei der Zählung derMasern am Wirkstück beträgt sie für Nm 200(9) 0,5 mm in der Länge und das Zweifache des Elementarfadendurchmessers in der Dicke.

Als Meßgröße ist die Anzahl Masern pro 100 km Bezugslänge üblich. Die Prüflänge ist meist kleiner als 100 km. Die Häufigkeitsverteilung der Zählergebnisse in Abhängigkeit von der Prüflänge zeigen zwar Parallelen zur *Poisson*-Verteilung, auf Grund der Größe der Ereigniszahlen und der enormen Streuung derselben gehorcht die Häufigkeitsverteilung der Anzahl Masern jedoch keinem theoretischen Vorbild. Die Umrechnung eines einzelnen Zählergebnisses auf die Bezugslänge 100 km ist deshalb mit einem Fehler behaftet, dessen Größe dem Quotienten Bezugslänge/Prüflänge proportional ist. Soll das Zählergebnis auf 100 km Bezugslänge angegeben werden, so sind mindestens 100 km Faden zu prüfen. Beim Vorliegen mehrerer Zählergebnisse besteht die Möglichkeit, die Zählergebnisse und Prüflängen bis zur Bezugslänge aufzusummieren bzw. den Mittelwert der Zählergebnisse gleicher Prüflängen umzurechnen, wenn dabei die Bezugslänge durch die Summe der Prüflängen erreicht wird. Auch unter diesen Bedingungen ist ein einziger Wert der Meßgröße noch nicht repräsentativ für das Prüflos, sondern besitzt nur für die geprüfte Probe Gültigkeit. Die Verbesserung der Aussagekraft der Meßgröße ist allein durch Steigerung des Prüfaufwandes möglich. Da letzteres in den meisten Fällen nicht vertretbar ist, sollte man auf die übliche Meßgröße verzichten und sich mit einer Orientierungsprobe begnügen, wobei das Zählergebnis für die Prüflänge und die Bedingungen der Probenahme und Zählmethode angegeben wird.

Die Verfasser sind Herrn Dr.-Ing. *H. Martin* und Herrn Dipl.-Ing. *H. Dittmann* für die kritische Durchsicht der Arbeit sehr dankbar.

Literatur

[1] *Natus, D.*, und *Sauer, H.*, Beschreibung von Prüfverfahren bei der Perlonseidenherstellung. Faserforsch. u. Textiltechn. **8** (1957) 4, S. 150—159.

[2] *Vogt, H. J.*, Quantitative Bestimmung dicker Stellen im Garn. Melliand Textilber. **41** (1960) 11, S. 1332 bis 1336.

[3] *Fleischle, F. W.*, Nissenzählung am Rohstoff. Textil-Praxis **12** (1957) 7, S. 657—662.

[4] *Pelz, W.*, und *Harbeck, F.*, Verfahren zur Erkennung ungleich verstreckter Einzelfasern bei Perlon- und Nylonfasern. Faserforsch. u. Textiltechn. **4** (1953) 3, S. 304—306.

[5] *Chamberlain, N. H.*, und *Jordan, G.*, The determination of neppiness in carded webs. Textile Res. J. **25** (1956) 8, S. 579—596.

[6] *Stein, H.*, Dickstellenprüfung und Nissenzählung am Garn. Textil-Praxis **14** (1959) 4, S. 338—345.

[7] *Kirschner, E.*, Die Prüfung der Garnreinheit. Textil-Praxis **13** (1958) 11, S. 1100—1106; 12, S. 1213—1217.

[8] *Stein, H.*, und *Hobe, S.*, Gerät zum Auffinden von Fadenverdickungen bei hohen Prüfgeschwindigkeiten. Forschungsberichte des Landes Nordrhein-Westfalen. Nr. 730. Köln und Opladen: Westdeutscher Verlag 1959.

[9] *Locher, H.*, Die Messung der Ungleichmäßigkeit des Substanzquerschnittes von Bändern, Vorgarnen und Garnen mit Hilfe des Hochfrequenz-Kondensatorfeldes. Textil-Rundschau **8** (1953) 2, S. 70—82.

[10] *Henning, H.*, Zufallseinflüsse beim Zählen von Stillständen, Brüchen und Fehlern, Textil-Praxis **11** (1956) 4, S. 361—368.

Eingegangen am 4. Dezember 1963

Die spektrale Strahlungseinwirkung auf die Reißspannung von Faserstoffen[1]

Siegfried Kaufmann

90. Mitteilung aus dem Institut für Textiltechnologie der Chemiefasern Rudolstadt-Schwarza

DK 677.1/.5:539412.1:620.193.6

Die spektrale Strahlungseinwirkung auf die Reißspannung der Faserstoffe für Photonen im Wellenlängenbereich $\lambda < 360$ nm wird abgeleitet und diskutiert. Experimentelle Ergebnisse werden mitgeteilt und mit denen anderer Autoren verglichen. Es werden Hinweise zur Charakterisierung und Verminderung der Strahlungseinwirkung gegeben.

Влияние облучения волокнистых материалов при различной длине волны на прочность этих материалов на разрыв

Приведена математическая обработка данных о действии облучения различной длины волны в области $\lambda < 360$ нм при облучении волокнистых материалов на их прочность на разрыв, которая и обсуждается. Проведено сравнение полученных экспериментальных данных с результатами других авторов. Даются указания по характеристике и предотвращению действия облучения.

Effect of the Radiation Spectrum on the Breaking Stress of Fibrous Materials

The radiation effect on the breaking stress of fibrous materials in the spectral range of $\lambda < 360$ nm is deduced and discussed. Experimental results are reported and compared with data obtained by other authors. Indications for characterization and prevention of radiation effects are presented.

1 Bezeichnungen

A = Ereignis, daß das spektrale Wirkungsvolumen V_W von einem Photon getroffen wird

$\bar{A}$ = Entgegengesetztes Ereignis zu A

A_W = $A_W(\lambda, d)$ = spektraler Wirkungsquerschnitt des Faserstoffes

$(A_W)_z$ = $\{A_W(\lambda, d)\}_z$ = spektraler Wirkungsquerschnitt eines zylindrischen Faserstoffes

c = Konstante

c_r = Ordnungszustand des Faserstoffes

D = $D(\lambda, t, d)$ = spektrale Dosis

D_q = $D_q(\lambda, t, d)$ = spektrale Dosis für einen quaderförmigen Faserstoff

D_z = $D_z(\lambda, t, d)$ = spektrale Dosis für einen zylinderförmigen Faserstoff

d = Durchmesser der Einzelfaser odes des Elementarfadens

d_i = $d\sqrt{1 - \left(\frac{\sin i}{N}\right)^2}$

E = $E(\lambda)$ = spektrale Bestrahlungstärke

[1]) Teil einer Diplomarbeit aus dem Physikalischen Institut der Pädagogischen Hochschule Potsdam unter Leitung von Prof. Dr. *Klebe*, ausgeführt im Institut für Textiltechnologie der Chemiefasern, Rudolstadt-Schwarza, 1962.

E_i = $E \cos i$

F = Fläche

F_0 = Anfangsquerschnitt der Einzelfaser oder des Elementarfadens

$F_{P_{max}}$ = der der Reißkraft zugehörige Querschnitt

F' = bestrahlte Oberfläche der Einzelfaser oder des Elementarfadens

H_2O = Feuchtigkeitsgehalt des Faserstoffes

h = Plancksches Wirkungsquantum

h' = Höhe eines Zylinders

I = $I(\lambda)$ = spektrale Intensität der Strahlung

i = Einfallswinkel

j = Anzahl der Photonentreffer im spektralen Wirkungsvolumen, die eine Spaltung einer Molekülbindung bewirken

k = Laufzahl

l_0 = Einspannlänge

m = $m(\lambda)$ = natürlicher spektraler Extinktionsmodul des Faserstoffes

N = $N(\lambda)$ = Brechungsindex des Faserstoffes

n = Anzahl der auffallenden Photonen

n_a = Anzahl der absorbierten Photonen

n_M = Anzahl der zugempfindlichen Molekülbindungen

p_λ = $\dfrac{\sigma_{max,\,t}}{\sigma_{max,\,0}} = p_\lambda(t, d)$
= Wahrscheinlichkeit $\triangleq$ Reißspannungsverhältnis $\sim$ Faserbeständigkeit bei monochromatischer Bestrahlung

$(p_\lambda)_q$ = $(p_\lambda(t, d))_q$ = Reißspannungsverhältnis bei quaderförmigen Faserstoffen

$(p_\lambda)_z$ = $(p_\lambda(t, d))_z$ = Reißspannungsverhältnis bei zylinderförmigen Faserstoffen

$\bar{p}_\lambda$ = $1 - p_\lambda = 1 - \dfrac{\sigma_{max,\,t}}{\sigma_{max,\,0}} = \bar{p}_\lambda(t, d)$ = entgegengesetzte Wahrscheinlichkeit zu $p_\lambda \triangleq$ Reißspannungsabfall $\sim$ Faserschädigung bei monochromatischer Bestrahlung

p = Faserbeständigkeit bei der Wirkung von polychromatischer Strahlung

P = Wahrscheinlichkeit

P_M = molekulare Reißkraft zur Spaltung einer Molekülbindung

P_{max} = Reißkraft

Q = $Q(\lambda, t)$ = spektrale Quantenschicht der Strahlung

T = Temperatur

t = Bestrahlungszeit

t_B = Bruchzeit

u = $u(\lambda)$ = spektrale Energie der Strahlung

V = Volumen des Faserstoffes

V_W = $V_W(\lambda)$ = spektrales Wirkungsvolumen des Faserstoffes

VV = Verstreckverhältnis

α = $\alpha(\lambda, d)$ = spektraler Absorptionsgrad des Faserstoffes

α_q = $\alpha_q(\lambda, d)$ = spektraler Absorptionsgrad eines quaderförmigen Faserstoffes

α_i = $\alpha_i(\lambda, d)$ = spektraler Absorptionsgrad des Faserstoffes beim Einfallswinkel i des monochromatischen Parallelstrahlenbündels

$\delta_{P_{max}}$ = Reißdehnung

ϑ = $\vartheta(\lambda, d) = \exp. \{-md\}$ = spektraler Reintransmissionsgrad des Faserstoffes

ϑ_i = $\vartheta_i(\lambda, d) = \exp. \{-md_i\}$ = spektraler Reintransmissionsgrad des Faserstoffes beim Einfallswinkel i der monochromatischen Strahlung

λ = Vakuumwellenlänge der spektralen Strahlung

ν = Frequenz der spektralen Strahlung

ϱ = $\varrho(\lambda)$ = spektraler Reflexionsgrad der Grenzschicht Vakuum — Faserstoff bei senkrechtem Einfall der Strahlung

ϱ_i = $\varrho_i(\lambda)$ = spektraler Reflexionsgrad der Grenzschicht Vakuum — Faserstoff beim Einfallswinkel i des monochromatischen Parallelstrahlenbündels

σ_{max} = Reißspannung der Einzelfaser oder des Elementarfadens

$\sigma_{max,\,0}$ = Reißspannung der Einzelfaser oder des Elementarfadens zu Beginn der Bestrahlung

$\sigma_{max,\,t}$ = Reißspannung der Einzelfaser oder des Elementarfadens nach der Bestrahlungszeit t

τ = $\tau(\lambda, d)$ = spektraler Transmissionsgrad des Faserstoffes

Φ = $\Phi(\lambda)$ = spektraler Strahlungsfluß

Φ_i = $\Phi \cos i$

2 *Einleitung*

Die ultraviolette, sichtbare und ultrarote Strahlung verändert bestimmte Eigenschaften der meisten Faserstoffe. Dadurch werden aber die Qualität, der Umfang des Einsatzes und der Export dieser Faserstoffe eingeschränkt. Die faserstoffherstellende und -verarbeitende Industrie ist infolgedessen an einer positiven Lösung des vorliegenden Problems interessiert. Der Weg zur Lösung wird sowohl in experimenteller als auch in theoretischer Hinsicht von textiltechnischer, chemischer und physikalischer Seite aus beschritten [8]. Dabei wird von einigen Verfassern z. B. auf die Abhängigkeit der Reißspannungsänderung oder Durchschnittspolymerisationsgradänderung von der Wellenlänge der wirksamen Strahlung hingewiesen [1, 4, 11, 12, 13, 18]. Danach ist die Reißspannungsänderung infolge der Wirkung monochromatischer Strahlung ($\lambda < 360$ nm) von der spektralen Bestrahlungsstärke, der Bestrahlungszeit, dem spektralen Absorptionsgrad und dem Durchmesser der Einzelfaser oder des Elementarfadens abhängig. Die Wirkung der Photonen eines ganzen Spektrums auf den Reißspannungsabfall soll gleich der Summe der Wirkungen der Photonen der Einzelwellenlängen sein [13]. Aus den experimentellen Ergebnissen lassen sich auch Aussagen über die wirksamsten (aktivsten, schädlichsten) Wellenlängen für einen bestimmten Faserstoff machen [11, 16]. Es fehlt jedoch eine eingehende Analyse dieser Erscheinungenn, die es gestattet, die oben beschriebenen Tatsachen von einem *allgemeineren* Standpunkt aus *systematisch* zu erklären. Weiterhin ist noch keine Absolutberechnung der Reißspannungsänderung bekannt, die zu einem *tieferen Einblick in den Mechanismus der Faserschädigung* durch die spektrale Strahlung verhilft. *Sippel* [17] umgeht bekanntlich die Schwierigkeit, z. B. die Geschwindigkeitskonstante beim Reißspannungsabfall zu berechnen, indem er die beiden Geschwindigkeitskonstanten sowohl des Reißspannungs- als auch des Durchschnittspolymerisationsgradabfalles ins Verhältnis setzt. Der dabei entstehende m_0-Wert ist aber mehr für den Fasereinbau charakteristisch als zur Beschreibung der spektralen Strahlungseinwirkung geeignet. Die Selektivität oder Wellenlängenabhängigkeit der Faserschädigung ist im m_0-Wert nicht enthalten. Es ist damit wichtig, daß neue *spektrale Maßzahlen* aufgestellt werden, die die spektrale Strahlungseinwirkung auch charakterisieren können, und daß Methoden zu ihrer Messung angegeben werden. Die Kenntnis der Maßzahlen kann gleichzeitig als Ausgangspunkt für Maßnahmen zur *Verminderung der Faserschädigung* durch Strahlungseinwirkung dienen.

Die vorliegende Arbeit hat also die Aufgabe, die Reißspannungsänderung (als Maß der Faserschädigung) oder das Reißspannungsverhältnis als Folge der spektralen Strahlungseinwirkung absolut zu berechnen, um mit dieser quantitativen Analyse einen Beitrag zur Erweiterung der wissenschaftlichen und technischen Kenntnisse auf diesem Gebiet zu liefern. Dabei wird es nötig sein, gewisse Einschränkungen zu machen. Vorläufig soll erst die Faserschädigung behandelt werden, die auf einen reinen statistischen Kettenabbau zurückzuführen ist. Diese Bedingung ist bei Bestrahlung der meisten Faserstoffe mit Photonen der Wellenlängen $\lambda < 360$ nm erfüllt.

Die spektrale Grenze muß so niedrig gewählt werden, weil oberhalb von 360 nm die Parameter (Eigenschaften, die die Faserschädigung beeinflussen) noch unbekannt oder ihre Einflüsse quantitativ nicht erfaßbar sind. Die spektrale Strahlungseinwirkung auf andere Indikatoren (Eigenschaften, die sich mit der Bestrahlung ändern, womit also die Faserschädigung charakterisiert werden kann) wird später mitgeteilt.

Im folgenden Abschnitt sind nun alle Voraussetzungen aufgeführt, die zur Lösung der genannten Aufgaben gemacht wurden.

3 Voraussetzungen

3.1 Die theoretische Reißspannung

3.1.1 Die *Reißspannung* ist der molekularen Reißspannung direkt proportional [9, 20], d. h. in skalarer Schreibweise

$$\sigma_{\max} = \frac{P_{\max}}{F_{P_{\max}}} = \frac{P_{\max}}{F_0} (1 + \delta_{P_{\max}}) = c\,\sigma_M. \quad (1)$$

3.1.2 Die *Konstante c* berücksichtigt, daß die Reißspannung eine strukturempfindliche Eigenschaft ist. $\sigma_{\max}$ hängt also von kleinen lokalen Einzelheiten der Mikrostruktur ab, wie z. B. von Inhomogenitäten (Kerben u. a.). In [20] sind die zu den verschiedenen Theorien gehörenden Faktoren c angegeben. Allgemein gilt für c folgende Funktion:

$$c = c\,(c_r,\ V\,V,\ \text{Geometrie, Vorgeschichte,}\ l_0,\ H_2O,\ T.\ t_B\ \text{usw.}). \quad (2)$$

Bei der Auswahl und Messung der Faserstoffgruppen wird darauf geachtet, daß $c = \text{const.}$ erfüllt ist. Bei Seiden läßt sich dabei die Auswahl besonders leicht vornehmen, weil die davon abgeschnittenen Einzelfäden jeweils nacheinander auf die verschiedenen zu bestrahlenden Gruppen verteilt werden können. Damit werden c_r, $V\,V$, die Geometrie und die Vorgeschichte konstant gehalten.

Auch die Messung wird so vorgenommen, daß die Einspannlänge ($l_0 = 10$ mm), das Normalklima (65% relative Luftfeuchtigkeit und $T = 20$ °C) und die Bruchzeit ($t_B = 20''$) konstant bleiben.

3.1.3 Die *molekulare Reißspannung* ergibt sich als die maximale Kraft, um alle n_M zugempfindlichen Molekülbindungen zu zerreißen, bezogen auf die Fläche F_M, die alle vorhandenen Bindungen beim Bruch der Faser einnehmen, d. h. in skalarer Schreibweise

$$\sigma_M = \frac{n_M P_M}{F_M}. \quad (3)$$

Bei dieser Ableitung bleibt die Bedeutung der zugempfindlichen Bindungen noch völlig offen, während z. B. *Sippel* von vornherein die alleinige Änderung der Kristallitbrücken betrachtet [17].

3.2. Die Treffertheorie

3.2.1 Entsprechend den Ausführungen in Abschnitt 2 wird nur die Wirkung der Bestrahlung mit Photonen der Wellenlängen $\lambda < 360$ nm untersucht, wobei die Wirkungen der Photonen verschiedener Wellenlängen voneinander *unabhängig* sein sollen.

Die Wellennormale des einfallenden Parallelstrahlenbündels soll *senkrecht* zur Faserachse stehen.

3.2.2 Es wird nur ein *statistischer Kettenabbau* betrachtet, d. h. Vernetzungen, Umbaureaktionen oder andere chemische Vorgänge infolge der Wirkung der Photonen werden nicht berücksichtigt.

Desgleichen wird auch der Einfluß von Gasen, der Feuchtigkeit, der Temperatur und von Belastungen nicht erfaßt.

Fremdstoffe, die die einfallende Strahlungsenergie nicht nur schwächen, sondern die von ihnen absorbierte Energie auf den Faserstoff übertragen, werden nicht berücksichtigt.

3.2.3 Im Faserstoff gibt es ein *spektrales Wirkungsvolumen* [21], das gerade so groß ist, daß beim Eintreffen eines Photons in diesem Volumen V_W auch eine zugempfindliche Molekülbindung getroffen wird. Befindet sich im Volumen V gerade ein spektrales Wirkungsvolumen V_W und treffen von n_{α_2} im Volumen V absorbierten Photonen genau n_{α_1} Photonen das Volumen V_W, dann ist

$$V_W = \frac{n_{\alpha_1}}{\frac{n_{\alpha_2}}{V}} = \frac{n_{\alpha_1}}{n_{\alpha_2}} V = P\,V. \quad (4)$$

Dieses spektrale (effektive, formale bzw. empfindliche) Wirkungsvolumen gibt aber immer nur die minimal mögliche Größe des realen Treffbereiches an, da die Wirkungswahrscheinlichkeit meist unbekannt ist. Das spektrale Wirkungsvolumen hängt also in erster Linie davon ab, wieviele der absorbierten Photonen wirklich zu einem Treffer und je nach Substanz bei 1, 2, ... oder j Treffern zur Spaltung einer zugempfindlichen Molekülbindung führen.

3.3 Die Streuung der Strahlung und die Anisotropie des Faserstoffes

Sowohl die Streuung der Strahlung im Faserstoff als auch die Anisotropie der Brechungszahl des Faserstoffes sind Größen, die die vorliegende Ableitung nur komplizierter machen. Zur Vereinfachung werden beide Größen vernachlässigt, was am Prinzip der grundsätzlichen Überlegungen nichts ändert.

4 Das Reißspannungsverhältnis

Mit den Gleichungen (1) und (3) ist der Zusammenhang zwischen der makroskopischen Größe (Reißspannung) und den molekularen Eigenschaften hergestellt. Die Berechnung des Reißspannungsverhältnisses erfolgt nun für die Faserstoffe, deren Reißspannung zur Zeit $t = 0$ durch die Gleichungen (1) und (3) in Abschnitt 3.1 dargestellt werden kann. Bei der Ableitung wird berücksichtigt, daß die Größen c, P_M und F_M in erster Näherung invariant gegenüber der spektralen Strahlungseinwirkung sind. Die von Photonen bestimmter Wellenlänge erzeugten Fehlstellen sind z. B. viel kleiner als die die Reißspannung wesentlich beeinflussenden Kerben, so daß die Invarianz für c gelten muß. Entsprechend den in Abschnitt 3.1.2 gemachten Voraussetzungen wird außerdem bei der Auswahl und Messung darauf geachtet, daß $c = \text{const.}$ erfüllt bleibt. P_M bleibt konstant, weil die absorbierte Strahlung die Elektronenverteilung nur sehr kurzzeitig ändert, so daß die Elektronen der nichtgespaltenen Bindungen davon nicht berührt werden oder nach entsprechender Anregung in den Ausgangszustand zurückkehren. Auch F_M hat vor und nach der Bestrahlung den gleichen Betrag, wenn man bedenkt, daß die nichtempfindlichen Molekülbindungen, die zugempfindlichen Bindungen und die Atome von den bereits gespaltenen Bindungen in jedem Fall beim Bruch raum- und flächenmäßig zu berücksichtigen sind.

Läßt sich die Reißspannung zur Zeit $t = 0$ durch den Ausdruck

$$\sigma_{\max, 0} = c \frac{n_{M,0} P_M}{F_M} \tag{5}$$

darstellen, dann besitzt also die Reißspannung nach der Bestrahlungszeit t die Größe

$$\sigma_{\max, t} = c \frac{n_{M,t} P_M}{F_M}, \tag{6}$$

weil $(n_{M,0} - n_{M,t})$ Molekülbindungen durch die Photonen der Wellenlänge λ gespalten wurden. Aus den Gleichungen (5) und (6) folgt

$$\frac{\sigma_{\max, t}}{\sigma_{\max, 0}} = \frac{n_{M,t}}{n_{M,0}} = p_\lambda. \tag{7}$$

In Gleichung (7) ist nun die Änderung des Zustandes im molekularen und übermolekularen Bereich mit der Änderung der Reißspannung infolge der Strahlungseinwirkung verknüpft. Die Größe p_λ kann als Wahrscheinlichkeit gedeutet werden, daß nach der Zeit t *eine* Molekülbindung vorhanden ist bzw. während der Zeit t nicht gespalten wurde.

Für mit der Wahrscheinlichkeitsrechnung nicht vertraute Leser sei hier auf eine sehr einfache Einführung von *Jaglom* [10] hingewiesen. Es soll zum besseren Verständnis eine der bekannten Urnenaufgaben erwähnt werden: Sind in einer Urne $n_{M,t} = 3$ rote Kugeln und $n_{M,0} - n_{M,t} = 6$ grüne Kugeln enthalten, dann ist die Wahrscheinlichkeit, daß *eine* rote Kugel „auf gut Glück" aus der Urne gezogen wird, gerade

$$\frac{n_{M,t}}{n_{M,t} + n_{M,0} - n_{M,t}} = \frac{n_{M,t}}{n_{M,0}} = \frac{3}{3+6} = \frac{1}{3}.$$

Dieses einfache Beispiel entspricht ungefähr dem oben angegebenen Sachverhalt und somit der zu Gleichung (7) gegebenen Deutung, wenn beachtet wird, daß die roten Kugeln mit den nichtgespaltenen und die grünen Kugeln mit den zur Zeit $t = 0$ vorhandenen Molekülbindungen pro Fläche übereinstimmen. Der Wahrscheinlichkeit, daß eine rote Kugel gezogen wird, entspricht dann die Wahrscheinlichkeit, daß eine Molekülbindung nicht gespalten wird. Außerdem ist mit Gleichung (7) das ganze Problem auf die Behandlung *einer* von den vielen Molekülbindungen reduziert worden, was die nächsten Schritte sehr vereinfacht.

5 Die Wirkung der spektralen Strahlung auf die Reißspannung

5.1 Eine allgemeine Gleichung

Zur Berechnung von p_λ soll allgemein angenommen werden, daß j Photonen der Wellenlänge λ das spektrale Wirkungsvolumen V_W treffen müssen, bevor *eine* Molekülbindung gespalten wird. Nach dem Additionstheorem der Wahrscheinlichkeitsrechnung [10] ist dann

$$p_\lambda = p_\lambda(0, n_\alpha) + p_\lambda(1, n_\alpha) + \ldots + p_\lambda(k, n_\alpha) + \ldots + p_\lambda(j-1, n_\alpha), \tag{8}$$

wenn z. B. $p_\lambda(2, n_\alpha)$ die Wahrscheinlichkeit bedeutet, daß das spektrale Wirkungsvolumen V_W bei Absorption von n_α Photonen im Volumen V insgesamt zweimal getroffen wird und $(n - 2)$mal nicht. Treffen nämlich entweder 0 oder 1 oder 2 oder ... $j - 1$ von denen im Volumen V absorbierten Photonen das Volumen V_W, so wird eine Molekülbindung nicht gespalten, und das ist ja gerade nach Gleichung (7) die Wahrscheinlichkeit p_λ. Treffen aber j oder mehr Photonen $(j + 1, j + 2$ usw.) das spektrale Wirkungsvolumen, dann wird eine Molekülbindung gespalten.

Als einfaches Beispiel soll wieder eine Urnenaufgabe angeführt werden. Befinden sich in einer Urne 3 rote, 6 grüne und 3 blaue Kugeln, dann ist die Wahrscheinlichkeit, daß entweder eine rote oder eine grüne Kugel „auf gut Glück" gezogen wird, gerade

$$\frac{3}{12} + \frac{6}{12} = \frac{1}{4} + \frac{1}{2} = \frac{3}{4}.$$

Dieses Beispiel kann die Gleichung (8) veranschaulichen, wenn man annimmt, daß das Ziehen einer roten oder grünen Kugel dem Treffen einer Molekülbindung entspricht, wobei aber noch keine Spaltung eintritt.

Sehr wichtig ist nun noch die Berechnung der Einzelwahrscheinlichkeiten $p_\lambda(0, n_\alpha), \ldots, p_\lambda(k, n_\alpha), \ldots, p_\lambda(j-1, n_\alpha)$. Die Wahrscheinlichkeit, daß von n_α im Volumen V absorbierten Photonen ein Photon das spektrale Wirkungsvolumen V_W trifft, ist nach Abschnitt 3.2.3 gerade

$$P = \frac{V_W}{V}. \tag{9}$$

Die Wahrscheinlichkeit, daß nicht nur ein Photon, sondern auch zwei, drei ... und k Photonen treffen, ist nach dem Multiplikationssatz für unabhängige Ereignisse (Voraussetzung in Abschnitt 3.2.1) gerade P^k.

Die Wahrscheinlichkeit, daß dann $(n_\alpha - k)$ Photonen nicht treffen, wenn beachtet wird, daß P und $1 - P$ die entsprechenden Wahrscheinlichkeiten für entgegengesetzte Ereignisse sind, ist analog dem oben gebildeten Ausdruck $(1 - P)^{n_\alpha - k}$. Die beiden Wahrscheinlichkeiten P^k und $(1 - P)^{n_\alpha - k}$ ergeben die gesuchte Wahrscheinlichkeit $p_\lambda(k, n_\alpha)$, d. h. daß von n_α Photonen genau k Photonen treffen und $(n_\alpha - k)$ Photonen nicht treffen. Beide Wahrscheinlichkeiten entsprechen nach der Voraussetzung unabhängigen Ereignissen, so daß z. B. für eine bestimmte Ereignisfolge

Photon	1	2	3	...	k	...	$n_\alpha - 1$	n_α
Ereignis	A	$\bar{A}$	A	...	A	...	$\bar{A}$	A

die gesuchte Wahrscheinlichkeit $P^k (1 - P)^{n_\alpha - k}$ ist. Dabei ist noch zu beachten, daß es nicht nur die angegebene Ereignisfolge gibt, sondern daß z. B. das Photon Nr. 1 anstelle des Ereignisses A eben das Ereignis $\bar{A}$ hervorruft. Das gleiche gilt für die anderen Photonen. Insgesamt ergeben sich $n_\alpha!$ verschiedene Ereignisfolgen (Permutationen), da es sich nur um verschiedene Anordnungen der Ereignisse handelt. Von den n_α Ereignissen sind aber k Ereignisse unter sich gleich (A). Die anderen $(n_\alpha - k)$ Ereignisse sind es ebenfalls $(\bar{A})$, so daß es nur

$$\frac{n_\alpha!}{k!\,(n_\alpha - k)!} = \binom{n_\alpha}{k}$$

verschiedene Anordnungen gibt. Damit ist aber

$$p_\lambda(k, n_\alpha) = \binom{n_\alpha}{k} P^k (1-P)^{n_\alpha - k}. \tag{10}$$

Diese sogenannte *Bernoullische* Formel [6] läßt sich im vorliegenden Fall sehr vereinfachen. Es ist nämlich

$$V_W \ll V, \quad k \ll n_\alpha \quad \text{und} \quad n_\alpha \gg 1. \tag{11}$$

Danach wird

$$\frac{n_\alpha!}{(n_\alpha - k)!} = \frac{n_\alpha(n_\alpha-1)\ldots(n_\alpha-k+1)(n_\alpha-k)\ldots 2\cdot 1}{(n_\alpha-k)\cdot(n_\alpha-k-1)\ldots 2\cdot 1} = n_\alpha(n_\alpha-1)\ldots(n_\alpha-k+1) \approx n_\alpha^k. \tag{12}$$

$$(1-P)^{n_\alpha - k} = \exp.\{(n_\alpha - k)\ln(1-P)\} \approx \exp.(-n_\alpha P). \tag{13}$$

Die Gleichungen (10), (12) und (13) ergeben

$$p_\lambda(k, n_\alpha) = \frac{n_\alpha^k}{k!} P^k \exp.(-n_\alpha P). \tag{14}$$

Mit der formalen Abkürzung

$$D = \frac{n_\alpha}{V} \tag{15}$$

geht Gleichung (14) über in

$$p_\lambda(k, n_\alpha) = \frac{(n_\alpha P)^k}{k!}\exp.(-n_\alpha P) = \frac{(V_W D)^k}{k!}\exp.(-V_W D). \tag{16}$$

Die gesuchte Wahrscheinlichkeit p_λ nach Gleichung (8) wird also mit der Gleichung (16)

$$p_\lambda = \exp.(-V_W D)\cdot \sum_{k=0}^{k=j-1} \frac{(V_W D)^k}{k!}. \tag{17}$$

Für Spektralbereiche $\lambda < 360$ nm ist nun meistens $j = 1$, denn die Energie der Photonen liegt für diesen Wellenlängenbereich in der Größenordnung der Bindungsenergie der Hauptvalenzbindungen. Für Einzelfasern und Elementarfäden ohne Fremdsubstanzen (TiO_2, Farbstoffe, Fluoreszenzstoffe usw.) läßt sich damit die spektrale Strahlungseinwirkung auf die Reißspannung der Faserstoffe für Photonen der Wellenlängen $\lambda < 360$ mm angeben:

$$p_\lambda = \frac{\sigma_{\max,\,t}}{\sigma_{\max,\,0}} = \exp.(-V_W D). \tag{18}$$

Die Größe D stellt nach Gleichung (15) die pro Volumeneinheit absorbierten Photonen bestimmter Wellenlänge dar und kann damit als spektrale Dosis bezeichnet werden.

Die Gleichung (18) sagt also aus, daß mit steigender spektraler Dosis und steigendem spektralen Wirkungsvolumen das Reißspannungsverhältnis kleiner wird bzw. der Reißspannungsabfall

$$1 - \frac{\sigma_{\max,\,t}}{\sigma_{\max,\,0}}$$

größer.

5.2 Die Anwendung auf quaderförmige Faserstoffe

Die Anwendung der Gleichung (18) auf quaderförmige und zylinderförmige Faserstoffe wird durch die Berechnung der spektralen Dosis ermöglicht. Die auf die Oberfläche der Einzelfasern oder Elementarfäden auffallenden n Photonen stehen ja mit den n_α absorbierten Photonen im folgenden Zusammenhang:

$$n_\alpha = \alpha \cdot n, \tag{19}$$

wobei α den spektralen Absorptionsgrad des Faserstoffes, im speziellen den der Einzelfaser oder des Elementarfadens, bedeutet. Gleichung (15) ergibt mit Gleichung (19)

$$D = \frac{\alpha \cdot n}{V}. \tag{20}$$

Für einen quaderförmigen Faserstoff läßt sich der spektrale Absorptionsgrad angeben [3].

$$\alpha_q = \frac{(1-\varrho)(1+\varrho\vartheta)}{1-\varrho^2\vartheta^2}(1-\vartheta). \tag{21}$$

Auch die Anzahl n der auffallenden Photonen läßt sich berechnen, wenn die Gesamtenergie u der monochromatischen Strahlung bekannt ist. Ein Photon der Wellenlänge λ besitzt nun nach der Quantentheorie [14] die Energie $h\nu$, so daß

$$n = \frac{u}{h\nu} \tag{22}$$

folgt. Zur Messung der Energie der monochromatischen Strahlung wird oft ein Photoempfänger benutzt, bei dem der Zeigerausschlag der spektralen Bestrahlungsstärke

$$E = \frac{\Phi}{F'} = \frac{u}{F'\cdot t} \tag{23}$$

proportional ist [2]. Damit wird

$$n = \frac{E F' t}{h\nu}. \tag{24}$$

Die Gleichung (24) führt also die spektrale Dosis

$$D = \frac{\alpha_q E F' t}{V_q h\nu} \tag{25}$$

auf meßbare Größen zurück.
Besitzt ein quaderförmiger Faserstoff in Strahlungsrichtung den Durchmesser d und fällt die Strahlung entsprechend der Voraussetzung in Abschnitt 3.2.1 senkrecht zur Faserachse und zur Fläche F' ein, dann wird mit

$$V_q = F'd \tag{26}$$

die spektrale Dosis des quaderförmigen Faserstoffes

$$D_q = \frac{\alpha_q E t}{h\nu d}. \tag{27}$$

Der Ausdruck

$$I = \frac{\dot n}{F'} = \frac{E}{h\nu} \tag{28}$$

wird als spektrale Intensität bezeichnet.

Das Reißspannungsverhältnis ergibt sich damit für quaderförmige Faserstoffe zu

$$\left(\frac{\sigma_{\max,\,t}}{\sigma_{\max,\,0}}\right) = \exp.\left(-I t \frac{\alpha_q \cdot V_W}{d}\right). \tag{29}$$

Mit der Gleichung (29) ist die spektrale Strahlungseinwirkung auf die Reißspannung eines quaderförmigen Faserstoffes für Photonen der Wellenlängen $\lambda < 360$ nm festgelegt, wenn die in Abschnitt 3 gemachten Voraussetzungen erfüllt sind. Treten z. B. Vernetzungen auf, dann ist natürlich der Gültigkeitsbereich entsprechend Abschnitt 3 überschritten.

Im Gültigkeitsbereich dieser Gleichung ist aber die Reißspannung exponentiell von der spektralen Intensität, der Bestrahlungszeit, dem spektralen Absorptionsgrad, dem spektralen Wirkungsvolumen und dem Durchmesser des quaderförmigen Faserstoffes abhängig. Dieser funktionelle Zusammenhang zwischen dem Indikator und den äußeren und inneren Parametern $\left(It \text{ und } \frac{\alpha_q \cdot V_W}{d}\right)$ enthält auch die von *Sippel* [17] und die von *Michaelis* [13] postulierten Abhängigkeiten bezüglich der Bestrahlungszeit und bezüglich des Durchmessers.

Nach Gleichung (29) wird in Übereinstimmung mit der Erfahrung der Reißspannungsabfall, definiert durch

$$(\overline{p_\lambda})_q = 1 - \left(\frac{\sigma_{\max,\,t}}{\sigma_{\max,\,0}}\right)_q = 1 - \exp.\left(- It\,\frac{\alpha_q V_W}{d}\right)_q, \quad (30)$$

bzw. in erster Näherung

$$(\overline{p_\lambda})_q \approx It\,\frac{\alpha_q \cdot V_W}{d}, \quad (31)$$

größer, wenn die spektrale Intensität der Strahlung und die Bestrahlungszeit erhöht werden. Mit der Zunahme des spektralen Absorptionsgrades und dem spektralen Wirkungsvolumen wird der Reißspannungsabfall ebenfalls größer. Ein vergrößerter Durchmesser erniedrigt dagegen den Reißspannungsabfall.

Die Gleichung (29) enthält aber noch mehr Tatsachen.

Die *Geometrieabhängigkeit* der Faserstoffschädigung kommt z. B. in der Größe α_q/d zum Ausdruck. Für sehr kleine Durchmesser, wobei hier „klein" mit dem natürlichen, spektralen Extinktionsmodul im Zusammenhang steht, d. h. für

$$d \ll \frac{1}{m},$$

ist mit Gleichung (21)

$$\alpha_q = \{1 - \exp.\,(-\,md)\} \approx md, \quad (32)$$

wenn

$$1 - \varrho \approx 1 - \varrho\vartheta$$

gilt.

Für sehr „kleine" Durchmesser lautet also Gleichung (29)

$$\left(\frac{\sigma_{\max,\,t}}{\sigma_{\max,\,0}}\right)_q \approx \exp.\,(-\,ItmV_W). \quad (33)$$

In diesem Fall ist die Änderung der Reißspannung vom Durchmesser und damit von der Geometrie des Faserstoffes unabhängig. Das Reißspannungsverhältnis oder der Reißspannungsabfall sind bei konstantem $I \cdot t$ (äußere Parameter) nur noch vom natürlichen, spektralen Extinktionsmodul und vom spektralen Wirkungsvolumen abhängig.

Für sehr „große" Durchmesser entsprechend

$$d \gg \frac{1}{m}$$

ergibt sich dagegen mit Gleichung (21) über

$$\alpha_q \approx 1 - \varrho \quad (34)$$

folgende Beziehung:

$$\left(\frac{\sigma_{\max,\,t}}{\sigma_{\max,\,0}}\right)_q \approx \exp.\left(- It\,\frac{(1-\varrho)\,V_W}{d}\right). \quad (35)$$

Nach Gleichung (35) ist die Änderung der Reißspannung sehr stark vom Durchmesser abhängig, während sie vom spektralen Reflexionsgrad nur wenig und vom natürlichen, spektralen Extinktionsmodul überhaupt nicht abhängig ist.

In beiden diskutierten Fällen, sowohl bei „kleinen" als auch bei „großen" Durchmessern, ist zu beachten, daß die abgeleiteten Beziehungen in verschiedenen Wellenlängenbereichen sehr verschieden sein können, weil die Größe m wellenlängenabhängig ist. Es gibt aber noch mehr wellenlängenabhängige Größen. Im allgemeinen kommt dabei die *Wellenlängenabhängigkeit* infolge der Größen I, α_q und V_W zustande.

Der Einfluß der spektralen Intensität ist z. B. auch schon experimentell bekannt. Gleiches Material (α_q, V_W und d), das Strahlungen mit sehr verschiedenen relativen Intensitätsverteilungen ausgesetzt ist, ergibt verschiedene Reißspannungsabfälle.

Die spektrale Abhängigkeit der Reißspannungsänderung vom spektralen Absorptionsgrad kommt einmal durch den spektralen Reflexionsgrad (Verknüpfung mit dem Brechungsindex) und zum anderen durch den natürlichen spektralen Extinktionsmodul zustande. Zwei Beispiele:

Erstens ist bekannt, daß gleiche Faserstoffe verschiedener Provenienz, die sich auch im Glanz unterscheiden, verschiedene Reißspannungsänderungen durch die spektrale Strahlungseinwirkung erleiden. Höherer Glanz kann durch einen größeren Reflexionsgrad zustandekommen, so daß entsprechend Gleichung (21) und (30) ein geringerer Reißspannungsabfall resultiert. Der Brechungsindex spielt hier ebenfalls eine entscheidende Rolle, da er z. B. für wenig absorbierende und direkt reflektierende Substanzen allein den spektralen Reflexionsgrad ϱ bedingt. Zweitens steigt der natürliche spektrale Extinktionsmodul der meisten Faserstoffe nach dem ultravioletten Bereich des Spektrums stark an, so daß auch aus diesem Grunde entsprechend Gleichung (21) und (30) eine bekannte Tatsache (ein größerer Reißspannungsabfall durch UV-Strahlung) ihre theoretische Begründung findet. Ein Faserschutzmittel (z. B. Ruß) erhöht nun den spektralen Extinktionsmodul m des Systems Faserstoff — Faserstoffschutzmittel. Es entsteht ein scheinbarer Widerspruch. Nach Gleichung (30) wird der Reißspannungsabfall größer, wenn auch m größer wird. Ein Faserschutzmittel soll aber gerade den Abfall vermindern. Der Widerspruch löst sich, wenn beachtet wird, daß m nur der spektrale Extinktionsmodul des Faserstoffes ist und ein Faserschutzmittel die spektrale Intensität erniedrigt. Eine kleinere spektrale Intensität zieht dann entsprechend Gleichung (30) einen geringeren Reißspannungsabfall $(\overline{p_\lambda})_q = 1 - (p_\lambda)_q$ nach sich.

Während aber die Größe α_q (damit verbunden $\varrho = \varrho(N)$ und m) aus rein optischen Messungen erhalten wird (das gilt auch für die spektrale Intensität), ist das spektrale Wirkungsvolumen eine spezifische Größe, die die Empfindlichkeit des benutzten Indikators (im obigen Falle σ_{max}) gegenüber der spektralen Bestrahlung ausdrückt, unabhängig von den anderen Parametern. V_W erzeugt weiterhin mit dem spektralen Absorptionsgrad die Wellenlängenabhängigkeit bei intensitätsgleichem Spektrum ($\alpha_q V_W$ = *Substanzabhängigkeit* der Faserstoffschädigung).

Die absolute Größe von V_W kann auch abgeschätzt werden, wenn über den Mechanismus der Faserschädigung genaue Vorstellungen bestehen.

Allein die Annahme, daß die Wirkungswahrscheinlichkeit gleich 1 ist, läßt noch viele Möglichkeiten für die Abschätzung der Größe von V_W offen. Einmal kann der gesamte Abfall durch Treffer hervorgerufen werden, die in den Kristallitbrücken wirksam werden, wie das *Sippel* [17] an den Anfang seiner Theorie stellt. Zum anderen können aber auch die Treffer in den Kristalliten über Energiewanderungsmechanismen den Faserstoff schädigen. Aus den Wirkungsradien [19] der beteiligten Atome kann nun die Größe von V_W für die beiden angeführten hypothetischen Fälle abgeschätzt werden. Diese Abschätzung wird z. B. für Polyamidfaserstoffe durchgeführt. Für $\lambda = 254$ nm ergibt sich $V_W \approx 45$ Å^3, falls der Kristallitbrückenmechanismus wirksam sein soll, und $V_W = 7{,}5 \cdot 10^4$ Å^3, falls der Mechanismus an die Anwesenheit der Kristallite gebunden ist[1]). Die unten angegebenen Versuchsergebnisse entscheiden zwischen diesen beiden Fällen, wobei bemerkt werden soll, daß noch mehr Hypothesen gebildet werden könnten. Die beiden angeführten Fälle sind aber als markante Beispiele ausgewählt worden.

5.3 Die Anwendung auf zylinderförmige Faserstoffe

Komplizierter gestalten sich die Verhältnisse bei einem zylinderförmigen Faserstoff. Die in Abschnitt 5.2 gemachten grundlegenden Überlegungen gelten auch hier, allerdings erfordert die besondere Geometrie eine neue Berechnung des spektralen Absorptionsgrades und des Verhältnisses $\frac{V}{F'}$. Eine Vereinfachung wird aber auch dadurch erhalten, indem nur monochromatische Parallelstrahlenbündel zugelassen werden, die senkrecht zur Zylinderachse auftreffen. Bild 1 erklärt die auftretenden energetischen Verhältnisse.

Für den Mittelstrahl mit dem spektralen Strahlungsfluß Φ gelten die gleichen Gesetzmäßigkeiten wie bei der planparallelen Platte. Mit zunehmendem Einfallswinkel i verringert sich der auf die Fläche F' auftreffende spektrale Strahlungsfluß auf $\Phi_i = \Phi \cos i$. Beim Eintritt in den Faserstoff wird der Betrag $\Phi_i \varrho_i$ reflektiert und $\Phi_i(1 - \varrho_i)$ durchgelassen. Auf der Strecke

$$d_i = d \sqrt{1 - \left(\frac{\sin i}{N}\right)^2} \tag{36}$$

absorbiert der Faserstoff den Betrag $\Phi_i(1 - \varrho_i)$ $(1 - \vartheta_i)$. Die Aufsummierung aller nachfolgenden Glieder ergibt für das spektrale Absorptionsvermögen beim Einfallswinkel i den Wert

$$\alpha_i = \frac{(1 - \varrho_i)(1 - \vartheta_i)}{1 - \varrho_i \vartheta_i}. \tag{37}$$

Der mittlere spektrale Absorptionsgrad ergibt sich dann unter Berücksichtigung der Beziehung

$$E_i = E \cos i \tag{38}$$

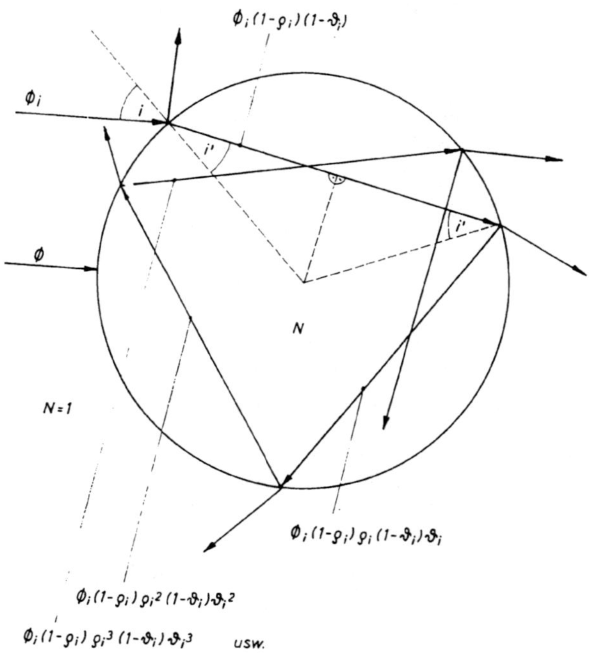

Bild 1. Senkrechter Einfall (bezogen auf die Zylinderachse des Faserstoffes) eines monochromatischen Parallelstrahlenbündels. (Es sind nur die absorbierten Anteile eingetragen.)

aus der Gleichung

$$\overline{\alpha_i \cos i} \int_i di = \int_i \frac{(1 - \varrho_i)(1 - \vartheta_i) \cos i}{1 - \varrho_i \vartheta_i} di, \tag{39}$$

wobei

$$\vartheta_i = \exp.(- m d_i)$$

ist.

Die spektrale Dosis wird entsprechend Gleichung (20) zu

$$D_z = \frac{\overline{\alpha_i \cos i}\, E F' t}{V_z h\nu} \tag{40}$$

erhalten. Mit

$$F' = \frac{1}{2} \pi d h'$$

und

$$V_z = \pi \frac{d^2}{4} h'$$

wird

$$D_z = I t \frac{2\, \overline{\alpha_i \cos i}\, V_W}{d}. \tag{41}$$

Folgende Gleichung legt die spektrale Strahlungseinwirkung auf die Reißspannung eines zylinderförmigen Faserstoffes für Photonen der Wellenlängen $\lambda <$ < 360 nm fest:

$$\left(\frac{\sigma_{max,\,t}}{\sigma_{max,\,0}}\right)_z = \exp.\left(- I t \frac{2\, \overline{\alpha_i \cos i}\, V_W}{d}\right). \tag{42}$$

Diese Gleichung wird unten bei der Auswertung der Ergebnisse benutzt.

Wichtig ist nur noch die Frage, wie sich die Reißspannung ändert, wenn nicht nur Photonen der gleichen, sondern von verschiedenen Wellenlängen auf den Faserstoff einwirken.

6 Die Wirkung der Photonen eines Linienspektrums

Ist p_{λ_1} die Wahrscheinlichkeit dafür, daß eine Molekülbindung bei Bestrahlung mit Photonen der Wellenlänge λ_1 nicht gespalten wird, und ist p_{λ_2} die entsprechende Größe für Photonen der Wellenlänge λ_2, dann wird die Wahrscheinlichkeit p dafür, daß die Molekülbindung bei Bestrahlung mit Photonen der Wellenlänge λ_1 und λ_2 nicht gespalten wird, nach dem Multiplikationssatz

$$p = p_{\lambda_1} p_{\lambda_2}, \tag{43}$$

wenn die Wirkungen der Photonen verschiedener Wellenlängen voneinander unabhängige Ereignisse darstellen.

Für ein Linienspektrum mit k verschiedenen Wellenlängen gilt dann Gleichung

$$p = \frac{\sigma_{\max,\,t}}{\sigma_{\max,\,0}} = \prod_{\lambda=\lambda_1}^{\lambda=\lambda_k} p_\lambda . \tag{44}$$

$$p = \frac{\sigma_{\max,\,t}}{\sigma_{\max,\,0}} = \prod_{\lambda=\lambda_1}^{\lambda=\lambda_k} p_\lambda = \prod_{\lambda=\lambda_1}^{\lambda=\lambda_k} \exp.\,(-V_W D)$$

$$= \exp.\left(-\sum_{\lambda=\lambda_1}^{\lambda=\lambda_k} V_W D\right). \tag{45}$$

Mit Gleichung (45) kann die Wirkung aller Linienstrahler mit Wellenlängen $\lambda < 360$ nm beschrieben werden.

Die zu Beginn der Arbeit gestellte Forderung ist also mit Einschränkung theoretisch erfüllt worden.

Die Lösungen der anderen Aufgaben werden in den nächsten Abschnitten nur kurz mitgeteilt, da sie zu einem späteren Zeitpunkt ausführlicher behandelt werden sollen. Zunächst werden jedoch die wichtigsten experimentellen Ergebnisse vorgelegt.

7 Beweise für die Theorie

Die Gleichung (42) läßt sich beweisen, wenn für verschiedene spektrale Intensitäten I und verschiedene Bestrahlungszeiten t das spektrale Wirkungsvolumen ermittelt wird. Die von einer Hg-Lampe durch Monochromatfilter erzeugte spektrale Intensität I wird dabei mit einem in absoluten Einheiten geeichten Photoelement mit Quarzfenster gemessen [2]. Die Zeit t läßt sich sehr genau festlegen. Der Durchmesser d des zylindrischen Faserstoffes wird mit dem Mikroskop bestimmt. Das mittlere spektrale Absorptionsvermögen wird über den spektralen Reintransmissionsgrad ϑ und den spektralen Reflexionsgrad ϱ bei senkrechtem Auffall des Strahlenbündels auf die Fadenmitte errechnet. Dazu wird ein UV-Mikrospektralphotometer benutzt, wie es z. B. *Exner* [5] beschreibt.

Bild 2 zeigt die Auswertung für die Wellenlänge $\lambda = 254$ nm. Gleichzeitig ist aus Bild 2 zu ersehen, daß das Gesetz von *Bunsen* und *Roscoe* gültig ist. Das spektrale Wirkungsvolumen errechnet sich zu

$$V_W = 31\,(1 \pm 0{,}2)\ \text{Å}^3.$$

Tabelle 1. Spektrale Wirkungsvolumina eines Polyamidfadens

λ [nm]	313	334	365	400
V_W [Å^3]	9 (1 ± 0,5)	8 (1 ± 0,7)	3 (1 ± 0,7)	3 (1 ± 1,3)

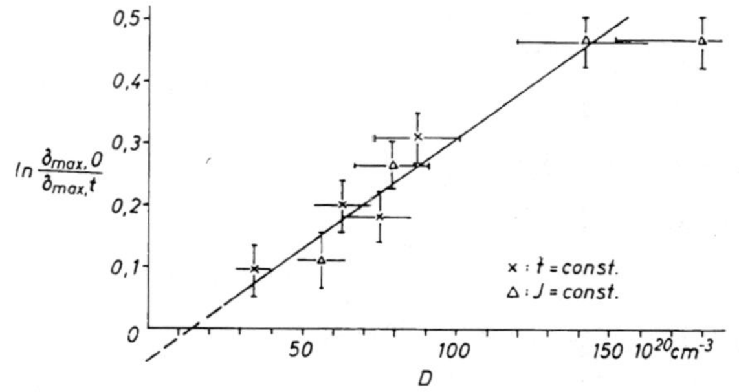

Bild 2. Die Bestimmung des spektralen Wirkungsvolumens eines Polyamid-Faserstoffes (β-Form), $d = 32\,\mu$m, bei der Wellenlänge $\lambda = 254$ nm aus des Reißspannungslängerung und der spektralen Dosis

In Tabelle 1 sind die spektralen Wirkungsvolumina eines Polyamidfadens (β-Form) dargestellt. Auf Grund der nur ungenauen Kenntnis des spektralen Absorptionsgrades sind die relativen Fehler groß, denn bei der Messung mit dem Mikrophotometer können nicht alle Fehler sauber in Abzug gebracht werden.

Zum Vergleich der eigenen Messungen mit denen anderer Autoren werden die Ergebnisse von *Schwemmer* [15] herangezogen. Für $E = 12$ mW cm^{-2}, $t = 10$ h, $d = 200\,\mu$m und $\overline{\alpha_i \cos i} \approx 0{,}66$ fand er $\frac{\sigma_{\max,\,t}}{\sigma_{\max,\,0}} \approx 0{,}9$ bei $\lambda = 254$ nm.

Daraus wird

$$V_W \approx 3\ \text{Å}^3$$

berechnet.

Die spektralen Wirkungsvolumina sind damit bis auf eine Zehnerpotenz bekannt. Auf Grund der bisher nur wenigen Untersuchungen kann noch nicht entschieden werden, welcher Autor dem wahren Wert am nächsten kommt oder ob die spektralen Wirkungsvolumina innerhalb eines Faserstoffes so stark streuen.

Die Annahme von der Existenz des spektralen Wirkungsvolumens reicht also aus, um die Strahlungseinwirkung im betrachteten Spektralbereich grob zu beschreiben. Danach können allein die Treffer im nichtkristallinen Teil des Faserstoffes den Abbau bewirken, wenn die Wirkungswahrscheinlichkei bei eins liegt.

Die Nachprüfung des Produktgesetzes (43) gestaltet sich am einfachsten, wenn die Apparatur verwendet wird, deren Schema in Bild 3 dargestellt ist. Es werden jeweils in den einzelnen Bestrahlungskammern die

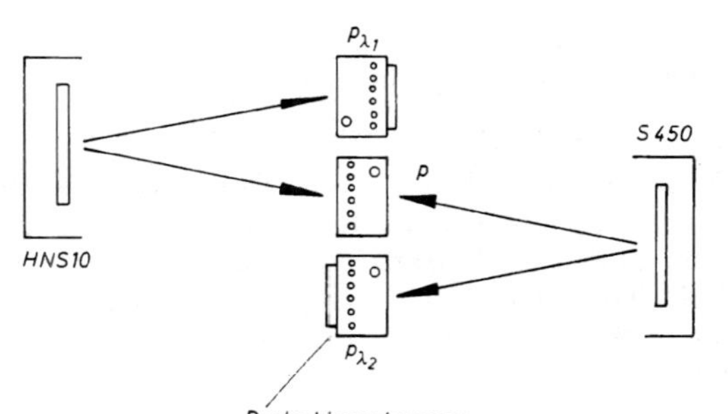

Bild 3. Schema der Apparatur zum Nachweis des Produktgesetzes $p = p_{\lambda_1}\, p_{\lambda_2}$

λ_1 = Schwerpunktlängenwelle der Lampe HNS 10

λ_2 = Schwerpunktwellenlänge der Lampe S 450

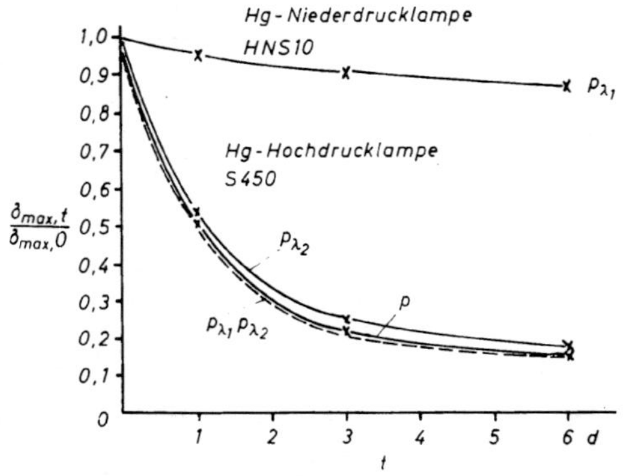

Bild 4. Zur Gültigkeit der Beziehung $p = p_{\lambda_1} p_{\lambda_2}$

Reißspannungsverhältnisse p_{λ_1}, p und p_{λ_2} bestimmt. Aus dem ersten und letzten Ausdruck ergibt sich der Wert $p_{\lambda_1} p_{\lambda_2}$, der mit p übereinstimmen soll, was in Bild 4 auch gezeigt werden kann.

8 Die Verminderung der Strahlungseinwirkung

Aus der Gleichung (42) leiten sich z. B. einige Maßnahmen zur Verminderung der Strahlungseinwirkung ab. Je kleiner die spektrale Intensität und die Bestrahlungszeit gewählt werden, um so geringer ist die Reißspannungsänderung. Im praktischen Gebrauch sind aber beide Größen zu berücksichtigen. Bei technischen Artikeln genügt eine undurchlässige Hülle, so daß mit $I = 0$ auch $\sigma_{\max,t} = \sigma_{\max,0}$ folgt. Bei den normalen Textilien müssen aber UV-Absorber eingesetzt werden [7], damit I auf ein ertragbares Maß abgeschwächt wird. Durch Verwendung von Fäden mit großem Durchmesser d kann die Änderung der Reißspannung ebenfalls herabgesetzt werden.

Bei der Konstruktion von Seilen mit einem Kern aus mattierter und einer Außenschicht aus glänzender Seide kann die Gleichung (42) auch angewendet werden, um die glänzende Außenschicht so zu bemessen, daß PAS-mt und PAS-gl den gleichen Reißspannungsabfall haben. Hat die glänzende Außenschicht bei der wirksamsten Wellenlänge das Absorptionsvermögen α_g und die mattierte Innenschicht α_m, dann erfordert die Gleichheit der Reißspannungsänderung, wenn die Strahlung mit der Intensität I_g auf die glänzende Außenschicht auffällt:

$$I_g \frac{\alpha_g V_g}{d_g} = I_m \frac{\alpha_m V_m}{d_m}. \tag{46}$$

Da bei Vernachlässigung von Reflexionsverlusten

$$I_m = I_g \tau = I_g \exp.(-m_g d_g) \tag{47}$$

ist, kann aus Gleichung (46) der Durchmesser d_g der glänzenden Außenschicht in grober Näherung angegeben werden. Eine tiefergehende Betrachtung müßte den Einfluß aller Wellenlängen und die Reflexionsverluste berücksichtigen. Einzelheiten darüber werden später mitgeteilt.

9 Die Aufstellung von Maßzahlen

Aus Gleichung (42) lassen sich auch einige Maßzahlen ableiten. Z. B. kann die Bestrahlungszeit festgelegt werden, die notwendig ist, um einen bestimmten Reißspannungsabfall zu erzeugen. Das gleiche kann mit der spektralen Intensität oder der spektralen Quantendichte

$$Q = Jt \tag{48}$$

durchgeführt werden.

Die technische Anwendung verlangt aber Maßzahlen, die sich einfach bestimmen lassen und aus denen eine maximale Information zu gewinnen ist. Das leistet z. B. der spektrale Wirkungsquerschnitt

$$(A_W)_z = \frac{2\, \overline{\alpha_i \cos i}\, V_W}{d}, \tag{49}$$

zu dessen Ermittlung nur die spektrale Quantendichte nötig ist. Da die spektralen Wirkungsquerschnitte dem Reißspannungsabfall für ein intensitätsgleiches Spektrum proportional sind, lassen sich aus ihnen für sämtliche bekannte absolute und relative Strahlungsverteilungen die entsprechenden Reißspannungsänderungen mittels der Gleichung (45) errechnen. Dabei wird gleichzeitig für jede Strahlungsverteilung die wirksamste Wellenlänge gefunden.

Zum Beispiel ist für PES ($d = 20\,\mu$m) der spektrale Wirkungsquerschnitt $A_W(313) \approx 1000$ barn für $\lambda = 313$ nm, während er für die gleiche Wellenlänge bei PAS ($d \approx 25\,\mu$m) $A_W(313) \approx 500$ barn besitzt. Bei $\lambda = 365$ nm ist aber $A_W(365) \approx 3$ barn für PES und $A_W(365) \approx 25$ barn für PAS. Das bedeutet, daß die Reißspannung von PES gegenüber PAS um so mehr geändert wird, je kürzerwellig die Strahlung ist. Das stimmt aber auch mit den Versuchsergebnissen überein, die *Sippel* [18] mitteilt. Mit den spektralen Wirkungsquerschnitten lassen sich also die wichtigsten Tatsachen erklären. Die spektrale und komplexe Strahlungseinwirkung wird durch die Angabe aller spektralen Wirkungsquerschnitte im interessierenden Spektralbereich charakterisiert, d. h. indem A_W als Funktion der Wellenlänge in ein Diagramm eingetragen wird.

10 Zusammenfassung

Die Arbeit behandelt die absolute spektrale Strahlungseinwirkung auf die Reißspannung der Faserstoffe. Mit dem Modell des spektralen Wirkungsvolumens lassen sich mit Einschränkung die für den Spektralbereich $\lambda < 360$ nm wichtigsten Gesetzmäßigkeiten finden, wonach die Reißspannungsänderung eines Faserstoffes bei monochromatischer Bestrahlung exponentiell von der spektralen Intensität, der Bestrahlungszeit, dem spektralen Absorptionsgrad, dem Durchmesser und dem spektralen Wirkungsvolumen selbst abhängt. Die Gesamtwirkung der Photonen verschiedener Wellenlängen eines Linienspektrums ist gleich dem Produkt der Wirkung (Reißspannungsverhältnis $= \sigma_{\max,t}/\sigma_{\max,0}$) der Photonen der Einzelwellenlängen. Die Gesetze werden experimentell bestätigt und die Ergebnisse mit denen anderer Autoren verglichen. Die spektralen Wirkungsvolumina sind danach bis auf eine Zehnerpotenz bekannt. Die Treffer in den nichtkristallinen Bereichen genügen wahrscheinlich zur Erklärung des Reißspannungsabfalles. Es wird auf Maßnahmen zur Verminderung der Strahlungseinwirkung hingewiesen. Als Maßzahlen zur Charakterisierung des spektralen Strahlungseinflusses auf Faserstoffe im angegebenen Spektralbereich werden die spektralen Wirkungsquerschnitte abgeleitet.

Der Verfasser dankt den Herren Prof. Dr. habil. *Klebe*, Prof. Dr. *Böhringer*, Dr. *Henkel* und *Dittmann* für die Unterstützung bei dieser Arbeit, für die Beratung in molekülphysikalischen Fragen Herrn Dr. habil. *Schubert*.

Faserforschung und Textiltechnik 15 (1964) Heft 8

Literatur

[1] *Bachmeier, F.*, Die Einwirkung von sichtbarem und ultraviolettem Licht auf Polykondensate der ε-Aminocapronsäure. Dissertation Stuttgart 1958.
[2] *Bauer, G.*, Strahlungsmessung im optischen Spektralbereich. Braunschweig: Vieweg & Sohn 1962.
[3] DIN 1349, Lichtabsorption in optisch klaren Stoffen. Größen und Beziehungen.
[4] *Egerton, G. S.*, Der Mechanismus des photochemischen Abbaues der Textilfasern. J. Soc. Dyers Colourists **65** (1949) S. 764–777.
[5] *Exner, E.*, Zur Theorie und Praxis der Mikrophotometrie strukturierter Objekte. Dissertation Jena 1959.
[6] *Gnedenko, B. W.*, und *Chintschin, A. J.*, Elementare Einführung in die Wahrscheinlichkeitsrechnung. Berlin: Deutscher Verlag der Wissenschaften.
[7] *Gysling, H.*, und *Heller, H. J.*, UV-Absorber als Kunststoff-Stabilisatoren. Kunststoffe **51** (1961) 1, S. 13–17.
[8] Handbuch der Werkstoffprüfung, hrsg. von *E. Siebel*. V. Band: Die Prüfung der Textilien, hrsg. von *H. Sommer* und *Fr. Winkler*. Berlin–Göttingen–Heidelberg: Springer 1960.
[9] *Holzmüller, W.*, und *Altenburg, K.*, Physik der Kunststoffe. Berlin: Akademie-Verlag 1961.
[10] *Jaglom, A. M.*, und *Jaglom, I. M.*, Wahrscheinlichkeit und Information. Berlin: Deutscher Verlag der Wissenschaften 1960.
[11] *Jasching, W.*, Über Abbau und Stabilisierung von PVC. Kunststoffe **52** (1962), S. 458–463.
[12] *Launer, H. F.*, und *Wilson, W. K.*, Die Photochemie der Cellulose. J. amer. chem. Soc. **71** (1949) S. 958–961.
[13] *Michaelis, U.*, Zu einigen Fragen der Faserschädigung durch Licht. Mitt. Inst. Textiltechnol. Chemiefasern **1** (1957) 4, S. 191–195.
[14] *Picht, J.*, Vorlesungen über Atomphysik, I. Band. Berlin: Deutscher Verlag der Wissenschaften 1956.
[15] *Schwemmer, M.*, Über den photochemischen Abbau von Polyamidfasern. Textil-Rdsch. **11** (1956) 1, S. 1–15; 2, S. 70–82; 3, S. 131–136.
[16] *Shultz, A. R.*, und *Leaky, S. M.*, Die Bestimmung der aktiven Wellenlänge bei der Spaltung von Polyester durch Licht. J. appl. Polymer. Sci. **5** (1961) 13, S. 64 bis 66.
[17] *Sippel, A.*, Die Veränderung von Reißfestigkeit und Polymerisationsgrad bei Kunstfasern durch Bestrahlung und der Zusammenhang dieser Erscheinungen mit dem molekularen Feinbau, insbesondere bei Cellulose (derivaten). Kolloid-Z. **112** (1949) 2/3, S. 80–84.
[18] *Sippel, A.*, Die Lichtbeständigkeit von fadenförmigem Material aus Nylon 66 einerseits und Polyäthylenterephthalat andererseits. Melliand Textilber. **42** (1961) 11, S. 1266–1268.
[19] *Stuart, H. A.*, Die Physik der Hochpolymeren, I. Band, Die Struktur der freien Moleküle. Berlin–Göttingen–Heidelberg: Springer 1952.
[20] *Stuart, H. A.*, Die Physik der Hochpolymeren, IV. Band, Theorie und molekulare Deutung technologischer Eigenschaften in hochpolymeren Werkstoffen. Berlin–Göttingen–Heidelberg: Springer 1955.
[21] *Timofeeff-Ressovsky, N. W.*, und *Zimmer, K. G.*, Biophysik, Bd. I. Leipzig: S.-Hirzel 1947.

Eingegangen am 1. Juni 1964

Die Anwendung der Korrelationsrechnung bei der Herstellung von Chemiefaserstoffen

Franz Kriesche

87. Mitteilung aus dem Institut für Textiltechnologie der Chemiefasern Rudolstadt-Schwarza

DK 677.463:532.13:519.272.1

Die Methode der einfachen und mehrfachen Korrelations- und Regressionsrechnung wird kurz erläutert und an Beispielen aus der Chemiefaserindustrie behandelt. Besonderer Wert wird darauf gelegt, diese Theorie beim Ablauf eines vielseitigen und komplizierten Produktionsvorganges anzuwenden. Damit sollen die Kenntnisse über das gegenseitige Beeinflussen von technischen Parametern vertieft werden.

Применение корреляционного исчисления при получении химических волокон

Приводится краткое объяснение метода простого и многократного корреляционного и регрессионного исчисления, который иллюстрируется на примерах, взятых из практики производства химических волокон. Особое внимание уделяется применению этой теории для расчета многостадийных и сложных технологических процессов. Полученные данные послужить для расширения сведений о взаимном влиянии технологических параметров.

Application of the Correlative Calculation in the Production of Man-made Fibres

The method of single and multiple correlative and regressive calculation is described and examplified on operations occuring in the production of man-made fibres. The application of the theory in versatile and complex production processes is stressed. Thereby, the insight in the correlation of technical parameters may be intensified.

1 Einleitung

Die Korrelationsrechnung ist eine Methode, die es gestattet, bestehende Abhängigkeiten zwischen verschiedenen Veränderlichen zu erkennen. Liegen Meßreihen von nur einer Variablen vor, so genügen bekanntlich in den meisten Fällen die statistischen Maßzahlen Mittelwert und Standardabweichung, um die betreffende Gesamtheit zu charakterisieren. Untersucht man jedoch kontinuierliche und insbesondere chemische Produktionsprozesse, so treten viele Variable vom Rohstoff bis zum Endprodukt auf, die in gegenseitiger Wechselwirkung stehen. Zwischen diesen Variablen bestehen meist keine funktionalen, sondern sogenannte stochastische Abhängigkeiten. Im Gegensatz zu den funktionalen Abhängigkeiten kann es bei diesen zu jedem Wert der unabhängigen Veränderlichen mehrere Werte der abhängigen Variablen geben und umgekehrt. Das Vorhandensein solcher stochastischen Abhängigkeiten hat seine Ursache darin, daß es eine Reihe von zufälligen Faktoren während des Produktionsprozesses gibt, die sowohl die eine als auch die anderen Variablen beeinflußt. Auf diese Weise werden die Streuungsmaße der Variablen vergrößert, und der Linienzug, der im allgemeinen ein Ausdruck einer funktionalen Abhängigkeit ist, löst sich auf in eine Punktwolke. Solch eine Punktwolke ist das graphische Bild für eine stochastische Abhängigkeit.

Die Aufgabe der Korrelations- und Regressionsrechnung besteht nun darin, diese stochastischen Abhängigkeiten durch funktionale auszugleichen. Dadurch gelangt man auch bei technologischen Vorgängen zu Funktionen und zu den Vorteilen, die diesen eigen sind. Der größte Nutzen liegt wohl darin, daß die eine Veränderliche dann mit Hilfe der anderen exakt berechnet werden kann. Bevor das Verfahren behandelt wird, das es gestattet, solche Punktwolken auszuwerten, seien einige kurze Bemerkungen über die Notwendigkeit solcher Korrelationsrechnungen bei technischen Vorgängen vorangestellt.

Es ist bekannt, daß die Qualitätsmerkmale unserer Chemiefaserstoffe von den Rohstoff- und Produktionsparametern in irgendeiner Weise abhängen. Unsere Technologen besitzen langjährige Erfahrungen darüber, wie ein Produktionsprozeß ablaufen muß, um aus einem vorgegebenen Rohstoff eine geforderte Qualität zu fertigen. Trotzdem gibt es unvorhergesehene Qualitätsschwierigkeiten, deren Ursachen nur ungenügend bekannt sind. Das kann man sich nur dadurch erklären, daß diese Erfahrungen subjektiver Natur sind und daher nicht so umfassend sein können, daß darin alle Einzelheiten erfaßt sind. Würde es z. B. für jedes Qualitätsmerkmal eine Funktionsvorschrift geben, in der alle Rohstoff- und Betriebsparameter enthalten sind, die Einfluß auf dieses Merkmal haben, dann könnte es Schwierigkeiten in größerem Ausmaß nicht geben. Es ist einleuchtend, daß das Auffinden einer solchen Qualitätsfunktion kein leichtes Unterfangen ist. Trotzdem besteht für jeden Verantwortlichen die Notwendigkeit, an solchen Aufgaben zu arbeiten, um dem theoretischen Ziel so nahe wie möglich zu kommen.

Im folgenden Beitrag werden zunächst die einfache und mehrfache lineare Regression und Korrelation behandelt und dann an einigen Beispielen erläutert. Damit soll gezeigt werden, daß es sich lohnt, auch bei chemischen Produktionsprozessen mit solchen Methoden zu arbeiten. Bei den Beispielen handelt es sich um erste Versuche, die selbstverständlich ausgebaut und fortgeführt werden sollen.

2 *Einfache lineare Regression und Korrelation*

Die Methode der Korrelations- und Regressionsrechnung soll an dieser Stelle nur so weit behandelt werden, wie das zum Verständnis der später zu berechnenden Beispiele notwendig ist. Für gründlichere Informationen sei auf das umfangreiche Schrifttum verwiesen, wie z. B. [1] und [2]. Will man die Abhängigkeit zwischen zwei Merkmalreihen y_i und x_{1i} ermitteln, so ist dazu selbstverständlich die Voraussetzung notwendig, daß die y_i mit den x_{1i} paarweise vergleichbar sind. Ist z. B. y_1 die Reißkraft und x_{11} die Reißdehnung einer Faser, so wird verlangt, daß y_1 und x_{11} von ein und derselben Faser stammen. Ermittelt man die miteinander zu vergleichenden Wertepaare an verschiedenen Fasern, so gelangt man zu einer ganz anderen Aussage. Bevor man mit der eigentlichen Rechnung beginnt, muß man sich überlegen, durch welche Art von Funktionen die gesuchte Abhängigkeit ausgedrückt werden kann. Für sehr viele technische Parameter wird eine ganz rationale Funktion 1. Grades, also die lineare Funktion, ausreichen. In diesem Falle spricht man von linearer Regression. Im folgenden wird nur diese lineare Regression behandelt. Die später zitierten Beispiele sind daraufhin getestet worden, ob ein solcher linearer Ansatz zulässig ist. Die Behandlung der nichtlinearen Regression bringt keine prinzipiellen Schwierigkeiten, nur nimmt der dazu notwendige Rechenaufwand erheblich zu.

Hat man einmal festgestellt, daß die Abhängigkeit zwischen den Merkmalen y_i und x_{1i} linear ist, so macht man für die gesuchte Funktion den Ansatz

$$Y = a + b_1 x_1 .$$

Die in dieser Gleichung enthaltenen Unbekannten a und b_1 berechnet man nach der Methode der kleinsten Quadrate. Hiernach sollen die Abstände zwischen den gemessenen y_i und den Punkten der zu berechnenden Geraden möglichst klein sein. Man verlangt also, daß

$$\sum_{i=1}^{n} (y_i - Y_i)^2 = \sum_{i=1}^{n} (y_i - a - b x_{1i})^2 = \text{Min}$$

gilt. Durch partielle Differentiation nach a bzw. b_1 erhält man ein Gleichungssystem von zwei Gleichungen mit zwei Unbekannten, dessen Lösung die gesuchten Größen a und b_1 sind.

Mit dieser Lösung erhält man die Gerade, von der die Meßwerte den geringsten Abstand besitzen. Das ist also die bestmögliche Gerade. Das graphische Bild der berechneten Funktion nennt man die Regressionskurve, in unserem Falle ist es eine Regressionsgerade. Man nennt diese Regression einfach, da es sich hier um eine Funktion von nur einer Veränderlichen handelt. Im Gegensatz dazu steht die mehrfache Regression, bei der Funktionen von mehreren Veränderlichen benutzt werden. Diese wird später besprochen.

Die oben definierte Regressionsgleichung gibt zwar die Art des Zusammenhangs zwischen verschiedenen Veränderlichen an, sie sagt jedoch nichts aus über die Straffreiheit dieser Abhängigkeit. Die entsprechende Größe mit dieser Eigenschaft nennt man den Korrelationskoeffizienten. Der Korrelationskoeffizient zwischen den beiden Merkmalen y und x_1 wird definiert als

$$r_{yx_1} = \frac{\sum_{i=1}^{n} (x_{1i} - \bar{x}_1)(y_i - \bar{y})}{\sqrt{\sum_{i=1}^{n} (x_{1i} - \bar{x})^2 \sum_{i=1}^{n} (y_i - \bar{y})^2}} .$$

Für praktische Rechnungen, insbesondere mit Tischrechenmaschinen, benutzt man zweckmäßigerweise folgende Formeln:

$$r_{yx_1} = \frac{\frac{1}{n} \sum_{i=1}^{n} x_{1i} y_i - \bar{x}_1 \bar{y}}{s_{x_1} \cdot s_y}$$

$$\text{mit } s_{x_1} = \sqrt{\frac{\sum_{i=1}^{n} x_{1i}^2}{n} - \bar{x}_1^2}$$

$$\text{und } s_y = \sqrt{\frac{\sum_{i=1}^{n} y_i^2}{n} - \bar{y}^2} .$$

Mit den Streuungsanteilen der Größen y und x_1 läßt sich nachweisen, daß der Korrelationskoeffizient r_{yx_1} immer in den Grenzen zwischen -1 und $+1$ liegt. Die Grenzwerte -1 bzw. $+1$ bedeuten strenge oder funktionale, und der Wert $r_{yx_1} = 0$ bedeutet keine Abhängigkeit. Aus praktischen Meßreihen gebildete Korrelationskoeffizienten werden diese Grenzwerte nur selten erreichen. Für die Korrelationskoeffizienten, deren Wert nicht mit diesen Grenzwerten übereinstimmt, gibt es ein Testverfahren, mit dessen Hilfe man entscheiden kann, ob ein berechneter Korrelationskoeffizient nur zufällig oder statistisch gesichert von Null verschieden ist. Die Größe r_{yx_1} gibt uns also Antwort darauf, ob zwischen den beiden Merkmalen y und x_1 Abhängigkeit besteht oder nicht.

Eine wesentlich anschaulichere Bedeutung besitzt die Größe $r^2 = B$, das sogenannte Bestimmtheitsmaß. Laut Definition ist $0 \leqq B \leqq +1$. Das mit 100% multiplizierte Bestimmtheitsmaß gibt die Änderung des y in Prozenten an, die durch die Änderungen des x_1 erklärt werden können. Ein Bestimmtheitsmaß von der Größenordnung $B_{yx_1} = 0{,}64$ besagt also, daß 64% der Änderungen des y durch die Größe x_1 bestimmt sind. Für die restlichen 36%, die an dieser Bestimmtheit zu 100% fehlen, gibt es mehrere Gründe. Das Bestimmtheitsmaß kann zum Ausdruck bringen, daß die angenommene lineare Annäherung unrichtig war. Diese Zweifel können aber durch den oben besagten Test über die Zulässigkeit des linearen Ansatzes beseitigt werden. Die Meßgenauigkeit hat selbstverständlich Einfluß auf die Größen r und B, diese wird durch das Prüfverfahren bestimmt. Man kann aber auch schlußfolgern, daß es außer dem x_1 auch noch andere Größen gibt, die ebenfalls das y beeinflussen und die in dem Ansatz einer Funktion von nur einer Veränderlichen nicht berücksichtigt werden. Auf diesen Sachverhalt wird später bei der mehrfachen Regression noch genauer eingegangen. Es muß noch erwähnt werden, daß die oben angegebene Regressionsgleichung nur in dem Bereich gilt, in dem die Werte der unabhängigen Veränderlichen gemessen wurden. Es ist nicht zulässig, die berechnete Regressionsfunktion über ihren Definitionsbereich hinaus zu interpolieren. Es ist daher zweckmäßig, die Werte der unabhängigen Veränderlichen aus einem großen Meßbereich zu wählen, da man dadurch den Definitionsbereich der Funktion vergrößert.

3 *Beispiele zur einfachen linearen Regression und Korrelation*

Im folgenden Beispiel soll unter y die Größe Filterwert und unter x_1 die Größe Viskosität der Viskose bei der Herstellung von Viskosefasern verstanden werden. Die Viskose stammte von Zellstoffen aus Pirna und Aschaffenburg, die im Verhältnis von 2:1 gemischt wurden. In die Rechnung wurden von jeder Variablen y und x_1 $n = 200$ Meßwerte einbezogen. Der Ansatz für die lineare Regression lautet

$$Y = a + b_1 x_1.$$

Aus der Bedingung

$$\sum_{i=1}^{n} (y_i - a - b_1 x_{1i})^2 = \text{Min}$$

erhält man durch partielle Differentiation nach a bzw. b_1 das folgende Gleichungssystem

$$a \cdot n + b_1 \sum_{i=1}^{n} x_{1i} = \sum_{i=1}^{n} y_i,$$

$$a \sum_{i=1}^{n} x_{1i} + b_1 \sum_{i=1}^{n} x_{1i}^2 = \sum_{i=1}^{n} x_{1i} y_i.$$

Die Koeffizienten dieses Gleichungssystems berechnet man aus den Meßreihen der Variablen y bzw. x_1. Die Lösung des Gleichungssystems für die vorliegende Aufgabe lautete:

$$a = -18{,}0837$$

und

$$b_1 = 7{,}7368.$$

Somit heißt die Funktion, die die Abhängigkeit zwischen Filterwert und Viskosität angibt,

$$y = -18{,}0837 + 7{,}7368\, x_1.$$

Diese Funktion gilt in dem Bereich, in dem die der Rechnung unterworfenen Meßwerte vorkamen, also in

$$30 \leqq x_1 \leqq 90.$$

Um die Zuverlässigkeit der obigen Gleichung zu überprüfen, wurden Korrelationskoeffizient und Bestimmtheitsmaß berechnet. Sie ergaben sich zu

$$r = 0{,}5667 \quad \text{und} \quad B = 0{,}3212.$$

Man sieht, daß rund 32% der Änderungen des Filterwertes durch die Änderungen der Viskosität erklärt werden können. Die berechnete Abhängigkeit ist statistisch gesichert von Null verschieden. Auf den ersten Blick mag die Größe $B = 0{,}3212$ relativ klein erscheinen. Wenn man jedoch bedenkt, daß in die Rechnung $n = 200$ Wertepaare einbezogen wurden, so kann man die gefundene Regressionsgleichung als gute Näherung betrachten. Sie ist aber auch deshalb nicht mehr als eine 1. Näherung, da $B = 0{,}3212$ besagt, daß es neben der Viskosität auch noch andere Größen geben kann, die ebenfalls Einfluß auf den Filterwert ausüben. Es besteht also Grund dazu, diese Beziehung noch genauer zu untersuchen.

In einem weiteren Beispiel sollte die Abhängigkeit des Filterwertes von der Tauchzeit untersucht werden. Dabei ergaben sich ebenfalls für $n = 200$ Wertepaare der Korrelationskoeffizient und das Bestimmtheitsmaß zu

$$r = -0{,}1110 \quad \text{und} \quad B = 0{,}0123.$$

Diese Größen sind nur zufällig von Null verschieden. Daraus schlußfolgert man, daß zwischen Filterwert und Tauchzeit zumindest für den Bereich, der in der Rechnung berücksichtigt wurde, keine Abhängigkeit besteht. Es erübrigt sich daher, eine Regressionsgleichung auszurechnen.

In dem folgenden Beispiel sei y der Filterwert, x_1 die Viskosität, x_2 das Alkaliverhältnis der Alkalicellulose und x_3 das Alkaliverhältnis der Viskose. Es soll die einfache Abhängigkeit zwischen y und x_1, x_2, x_3 berechnet werden. Insgesamt standen $n = 196$ Werte von jeder Meßreihe zur Verfügung. Die Meßwerte stammen von Produktionschargen, die aus reinem Buchen- oder Schilfzellstoff hergestellt waren. Die zu findende Aussage gilt dann für Zellstoff aus Buche und Schilf zusammen. Die entsprechenden Korrelationskoeffizienten und Bestimmtheitsmaße berechneten sich zu

$$r_{yx_1} = 0{,}14, \quad r_{yx_2} = 0{,}46, \quad r_{yx_3} = 0{,}18,$$
$$B_{yx_1} = 0{,}02, \quad B_{yx_2} = 0{,}21, \quad B_{yx_3} = 0{,}03.$$

Man sieht, daß für diesen Zellstoffeinsatz zwischen Filterwert und Viskosität keine Abhängigkeit besteht, denn der Korrelationskoeffizient ist von Null nur zufällig verschieden. Dagegen besteht zwischen Filterwert und Alkaliverhältnis der Alkalicellulose gesicherte Korrelation. Auch die Abhängigkeit zwischen y und x_3 ist gerade noch gesichert. Die einfachen Regressionsgleichungen für die beiden letzten Beziehungen, die auf demselben Wege wie oben beschrieben gefunden wurden, lauten

$$y = -704{,}1665 + 2012{,}7294\, x_2$$

und

$$y = -\ 91{,}5581 + \ 576{,}9399\, x_3.$$

Diese Funktionen gelten in den Bereichen

$$0{,}460 \leqq x_2 \leqq 0{,}560 \qquad \text{und} \qquad 0{,}640 \leqq x_3 \leqq 0{,}800.$$

Dabei gilt zu berücksichtigen, daß die Bestimmtheitsmaße von der Größenordnung $B_{yx_2} = 0{,}21$ und $B_{yx_3} = = 0{,}03$ relativ klein und daher die Gleichungen nur als grobe Näherung zu betrachten sind.

Bei den bisher behandelten Beispielen fällt auf, daß die Beziehung zwischen Filterwert und Viskosität bei unterschiedlich eingesetzten Zellstoffen verschieden ausfällt. Diese Tatsache läßt sich an weiteren Beispielen verfolgen. Beim Einsatz reinen Buchenzellstoffes aus Pirna berechnete man z. B.

$$r_{yx_1} = 0{,}40 \qquad \text{und} \qquad B_{yx_1} = 0{,}16,$$

während sich für reinen Schilfzellstoff

$$r_{yx_1} = 0{,}58 \qquad \text{und} \qquad B_{yx_1} = 0{,}34$$

ergaben. Daraus schlußfolgert man, daß die Beziehungen zwischen einzelnen Betriebsparametern vom jeweiligen Zellstoffeinsatz abhängig sind. Die gefundenen Ergebnisse sind demnach keinesfalls ohne weiteres übertragbar.

4 *Mehrfache lineare Abhängigkeiten*

Wie bereits mehrfach betont, liegt bei verschiedenen Abhängigkeiten die Vermutung nahe, daß mehr als eine unabhängige Veränderliche Einfluß auf die abhängige Variable ausübt. Diese Aufgabe behandelt man damit, daß man nicht eine Funktion einer, sondern eine Funktion von mehreren Veränderlichen als Regressionsgleichung ansetzt. Soll z. B. die gleichzeitige Abhängigkeit zwischen y einerseits und x_1 bzw. x_2 andererseits berechnet werden, so lautet der Ansatz für die lineare Regressionsgleichung

$$y = a + b_1 x_1 + b_2 x_2.$$

Die zunächst unbekannten Koeffizienten dieser Gleichung berechnet man wieder aus der Bedingung

$$\sum_{i=1}^{n} (y_i - a - b_1 x_{1i} = b_2 x_{2i})^2 = \text{Min}$$

mit Hilfe der Methode der kleinsten Quadrate. Durch dreimaliges partielles Differenzieren gelangt man über ein Gleichungssystem von drei Gleichungen mit drei Unbekannten zu den gesuchten Größen a, b_1 und b_2.

Um die Zuverlässigkeit dieser gefundenen Regressionsgleichung zu überprüfen, genügt es jetzt nicht mehr, nur die einfachen Korrelationskoeffizienten r_{yx_1} bzw. r_{yx_2} zu betrachten. Zu einer mehrfachen Regressionsgleichung berechnet man das mehrfache oder multiple Bestimmtheitsmaß

$$B = \frac{\sum\limits_{i=1}^{n} (Y_i - \bar{y})^2}{\sum\limits_{i=1}^{n} (y_i - \bar{y})^2} = \frac{1}{\sum\limits_{i=1}^{n} (y_i - \bar{y})^2} \cdot$$

$$\cdot \left[b_1 \sum_{i=1}^{n} (x_{1i} - \bar{x}_1)(y_i - \bar{y}) + b_2 \sum_{i=1}^{n} (x_{2i} - \bar{x}_2)(y_i - \bar{y}) \right].$$

Diese Größe B und der dazugehörige mehrfache Korrelationskoeffizient $R = \sqrt{B}$ geben die Abhängigkeit an, die x_1 und x_2 zusammen auf y ausüben.

Die Fortführung der mehrfachen linearen Regressionsrechnung für mehr als zwei unabhängige Veränderliche bringt keine prinzipiellen Schwierigkeiten. Der Ansatz für eine Funktion mit drei Veränderlichen, der hier noch interessieren soll, lautet

$$Y = a + b_1 x_1 + b_2 x_2 + b_3 x_3.$$

Die Koeffizienten berechnet man wieder mit Hilfe der Methode der kleinsten Quadrate. Das mehrfache Bestimmtheitsmaß ist hier

$$B = \frac{\sum\limits_{i=1}^{n} (Y_1 - \bar{y})^2}{\sum\limits_{i=1}^{n} (y_i - \bar{y})^2} = \frac{1}{\sum\limits_{i=1}^{n} (y_i - \bar{y})^2} \cdot$$

$$\cdot \left[b_1 \sum_{i=1}^{n} (x_{1i} - \bar{x}_1)(y_i - \bar{y}) + b_2 \sum_{i=1}^{n} (x_{2i} - \bar{x}_2)(y_i - \bar{y}) + b_3 \sum_{i=1}^{n} (x_{3i} - \bar{x}_3)(y_i - \bar{y}) \right].$$

Diese Größe gibt die Abhängigkeit an, die x_1, x_2 und x_3 zusammen auf y ausüben. Bei der mehrfachen Korrelation und Regression ist gegenüber der einfachen die folgende Frage interessant und wichtig: Mit welchem Gewicht gehen die in einer Regressionsgleichung erfaßten Veränderlichen, z. B. x_1, x_2, x_3 in die gefundene Gleichung ein? Gibt es etwa eine oder mehr Größen, die gar keinen Einfluß auf y haben, so daß man sie aus der Gleichung herausnehmen kann? Es soll nun gezeigt werden, daß bei Betrachtung der einfachen Korrelationskoeffizienten r_{yx_1}, r_{yx_2} bzw. r_{yx_3} Irrtümer entstehen können.

Wenn zwischen y und x_2 gute positive Korrelation und zwischen x_1 und x_2 negative Korrelation besteht, dann kann die Korrelation zwischen y und x_1 gestört sein. Die wahre Abhängigkeit zwischen y und x_1 kann größer sein, als in r_{yx_1} zum Ausdruck kommt. Wenn andererseits zwischen y und x_2 positive und zwischen x_2 und x_3 ebenfalls positive Korrelation besteht, dann kann r_{yx_3} künstlich durch die Abhängigkeit zwischen x_2 und x_3 erhöht sein. Der wahre Zusammenhang zwischen y und x_2 wird kleiner zu erwarten sein als ausgerechnet. Diese wahren Korrelationen erhält man allein dadurch, daß man den positiven oder negativen Einfluß von unabhängigen Variablen untereinander ausschaltet. Diesen Sachverhalt berücksichtigen die sogenannten partiellen Korrelationskoeffizienten. Für zwei unabhängige Veränderliche bedeuten

$$r_{yx_1 \cdot x_1} = \frac{r_{yx_1} - r_{yx_2} \cdot r_{x_1 x_2}}{(1 - r^2_{yx_2})(1 - r^2_{x_1 x_2})}$$

$$\text{und} \quad r_{yx_2 \cdot x_2} = \frac{r_{yx_2} - r_{yx_1} \cdot r_{x_1 x_2}}{(1 - r^2_{yx_1})(1 - r^1_{x_1 x_2})}$$

die wahren Abhängigkeiten zwischen y und x_1 bzw. y und x_2 unter der Voraussetzung, daß der Einfluß von x_2 auf y und x_1 bzw. der Einfluß von x_1 auf y und x_2 ausgeschaltet wurden. Für drei unabhängige Variable sehen die hier interessierenden partiellen Korrelationskoeffizienten so aus:

$$r_{yx_1 \cdot x_2x_3} = \frac{r_{yx_1 \cdot x_2} - r_{yx_3 \cdot x_2} \cdot r_{x_1x_3 \cdot x_2}}{(1 - r^2_{yx_3 \cdot x_2})\,(1 - r^2_{x_1x_3 \cdot x_2})},$$

$$r_{yx_2 \cdot x_1x_3} = \frac{r_{yx_2 \cdot x_1} - r_{yx_3 \cdot x_1} \cdot r_{x_2x_3 \cdot x_1}}{(1 - r^2_{yx_3 \cdot x_1})\,(1 - r^2_{x_2x_3 \cdot x_1})},$$

$$r_{yx_3 \cdot x_1x_2} = \frac{r_{yx_3 \cdot x_1} - r_{yx_2 \cdot x_1} \cdot r_{x_2x_3 \cdot x_1}}{(1 - r^2_{yx_2 \cdot x_1})\,(1 - r^2_{x_2x_3 \cdot x_1})}.$$

Es handelt sich hierbei um die wahren Zusammenhänge zwischen y und x_1, zwischen y und x_2 und zwischen y und x_3. Daß diese immerhin umständlichen Berechnungen bei praktischen Aufgaben von Bedeutung sind, soll später an einem Beispiel gezeigt werden. Damit ist die mehrfache Korrelations- und Regressionsrechnung bis zu drei unabhängigen Variablen für die hier im Rahmen dieser Arbeit ausreichenden Zwecke behandelt.

5 Beispiele für die mehrfache lineare Korrelation und Regression

Zunächst soll ein bereits behandeltes Beispiel mit Hilfe der dreifachen linearen Regressionsrechnung besprochen werden. Es soll die gleichzeitige Abhängigkeit des Filterwertes (y) von der Viskosität (x_1), von dem Alkaliverhältnis der Alkalicellulose (x_2) und von dem Alkaliverhältnis der Viskose (x_3) berechnet werden. Die Meßwerte stammen von Proben, für die Zellstoffe aus Buche und Schilf eingesetzt wurden. Der Ansatz für die dreifache lineare Regressionsgleichung lautet

$$Y = a + b_1x_1 + b_2x_2 + b_3x_3.$$

Die Koeffizienten berechneten sich für dieses Beispiel nach oben angegebener Methode zu

$$a = -1015{,}7898,$$
$$b_1 = 2{,}5734,$$
$$b_2 = 2138{,}7837,$$
$$b_3 = 234{,}8220.$$

Die mit diesen Koeffizienten versehene Regressionsgleichung

$$Y = -1015{,}7898 + 2{,}5734x_1 + 2138{,}7838x_2 + 234{,}8220x_3$$

gilt für die Werte

$$15 \leqq x_1 \leqq 60,$$
$$0{,}460 \leqq x_2 \leqq 0{,}560$$
$$\text{und} \quad 0{,}640 \leqq x_3 \leqq 0{,}880.$$

Das multiple oder mehrfache Bestimmtheitsmaß für die gefundene Gleichung berechnet sich zu $B = 0{,}25$, d. h. 25% der Änderungen des y lassen sich durch die Änderungen der x_1, x_2 und x_3 zusammen erklären. Mit Hilfe der partiellen Korrelationskoeffizienten soll das Gewicht ermittelt werden, mit dem die x_1, x_2 und x_3 in diese Gleichung eingehen. Es sei noch einmal daran erinnert, daß die einfachen Korrelationskoeffizienten folgendes Aussehen hatten

$$r_{yx_1} = 0{,}14\,(B = 0{,}02),$$
$$r_{yx_2} = 0{,}46\,(B = 0{,}21),$$
$$r_{yx_3} = 0{,}18\,(B = 0{,}03).$$

Die interessierenden partiellen Korrelationskoeffizienten und die dazugehörigen Bestimmtheitsmaße sind für dieses Beispiel

$$r_{yx_1 \cdot x_2x_3} = 0{,}24\,(B = 0{,}06),$$
$$r_{yx_2 \cdot x_1x_3} = 0{,}44\,(B = 0{,}19),$$
$$r_{yx_3 \cdot x_1x_2} = 0{,}03\,(B = 0{,}0009).$$

Diese Größen besagen, daß zwischen x_1 und y und x_2 und y gesicherte Korrelation besteht, während zwischen x_3 und y in dem betrachteten Intervall keine Abhängigkeit zu verzeichnen ist. Diese Aussage korrigiert das Ergebnis desselben Beispiels nach der einfachen Korrelation.

Würde man die einfachen Bestimmtheitsmaße addieren, so käme ein größerer Wert heraus, als in dem mehrfachen Bestimmtheitsmaß für die gefundene Gleichung zum Ausdruck kommt. Diesen Widerspruch klärt erst die mehrfache Regressionsrechnung mit der Angabe der partiellen Korrelationskoeffizienten auf. Die Bestimmtheitsmaße zu den partiellen Korrelationskoeffizienten sagen aber auch aus, daß die besagten 25% allein von x_1 und x_2 herrühren, daß also die Größe x_3 keinen Einfluß auf y hat. Man kann also die Größe x_3 aus der gefundenen Regressionsgleichung herausnehmen, ohne einen Fehler zu begehen. Die für zwei Veränderliche x_1 und x_2 korrigierte Regressionsgleichung ergibt sich zu

$$y = -848{,}1675 + 2{,}4753x_1 + 2143{,}3050x_2$$

mit dem mehrfachen Bestimmtheitsmaß von $B = 0{,}25$. Es wurde bereits erwähnt, daß die Bestimmtheit von $B = 0{,}25$ relativ klein ist. Aus diesem Grunde ist die gefundene Regressionsgleichung auch nur als erste Näherung zu betrachten. Will man die Abhängigkeit des Filterwertes von verschiedenen Größen genauer darstellen, dann muß man nach weiteren Größen suchen, die Einfluß auf den Filterwert haben können, und diese dann in den Gleichungsansatz mit einbauen.

Im folgenden sollen die Ergebnisse noch einiger weiterer Beispiele diskutiert werden, die ebenfalls interessant sind. Es wurde bereits gesagt, daß die Größen y, x_1, x_2, x_3 aus Produktionschargen stammen, die mit Zellstoffen aus Buche und Schilf gefahren wurden. Die im oben besprochenen Beispiel gezeigten Resultate gelten also für Schilf und Buche zusammen. Will man dieselbe Aufgabe für Zellstoff aus 100% Schilf einerseits und andererseits für Buche lösen, so gelangt man zu ganz anderen Resultaten. Es ist für Schilf

$$r_{yx_1 \cdot x_2x_3} = 0{,}58\ (B = 0{,}34);$$
$$r_{yx_2 \cdot x_1x_3} = -0{,}11\,(B = 0{,}01);$$
$$r_{yx_3 \cdot x_1x_2} = 0{,}12\ (B = 0{,}01).$$

Es besteht also nur Abhängigkeit zwischen y und x_1, und zwar eine bessere als oben. Die korrigierte Regressionsgleichung lautet

$$Y = 193{,}7497 + 6{,}3270x_1$$

mit $B = 0{,}34$. Für Buche erhält man entsprechend

$$r_{yx_1 \cdot x_2x_3} = 0{,}42\,(B = 0{,}18);$$
$$r_{yx_2 \cdot x_1x_3} = 0{,}20\,(B = 0{,}004);$$
$$r_{yx_3 \cdot x_1x_2} = -0{,}04\,(B = 0{,}0016).$$

Die korrigierte Regressionsgleichung lautet demnach

$$y = -121{,}2558 + 2{,}7242x_1 + 548{,}7340x_2$$

mit $B = 0{,}22$. Vergleicht man die drei hier angegebenen Resultate miteinander, so stellt man fest, daß sie sich zwar nicht direkt widersprechen, aber doch stark unterschiedlich sind. Daraus schlußfolgert man einerseits die bekannte Tatsache, daß der Ablauf des Produktionsprozesses sehr stark von dem eingesetzten Rohstoff abhängig ist, und andererseits, daß ein Prozeß bei Rohstoffmischungen ganz anders verläuft als bei reinen Rohstoffeinsätzen. Dieses Andersverlaufen ist zunächst nicht abzuleiten aus solchen Prozessen, die Rohstoff nur einer Art und Güte verarbeiten.

Bei den bisher behandelten Beispielen handelt es sich stets um Abhängigkeiten zwischen verschiedenen Betriebsparametern bei Bekanntgabe des eingesetzten Rohstoffs. Ebenso interessant, aber für den Betrieb noch wichtiger, sind Abhängigkeiten zwischen Qualitätsparametern einerseits und Rohstoff- bzw. Betriebsparametern andererseits. Daß auch das möglich ist, wurde in der Arbeit [3] gezeigt. Dort wurde gefunden, daß von insgesamt 15 in die Rechnung einbezogenen Betriebsparametern drei Einfluß auf die Faserfestigkeit und vier Einfluß auf die Oberflächenbeschaffenheit der Faser ausüben. Mit diesen Untersuchungen konnte die Qualität entscheidend verbessert werden.

6 Zusammenfassung

Die Korrelations- und Regressionsrechnung gestatten eine Angleichung von stochastischen Abhängigkeiten durch Funktionen. Beschränkt man sich darauf, nur einfache Korrelationen zu berechnen oder gar Abhängigkeiten nur graphisch darzustellen, so kann man erhebliche Fehler bei den Schlußfolgerungen begehen. Die wahren Abhängigkeiten werden durch die partiellen Korrelationskoeffizienten beschrieben. Zu den gefundenen Regressionsgleichungen berechne man immer das multiple Bestimmtheitsmaß, denn dadurch erhält man einen Überblick über die Zuverlässigkeit der Funktion. Die Resultate der im Rahmen dieser Arbeit besprochenen Beispiele sind für den Praktiker sicher nicht neu. Die gefundenen Abhängigkeiten sind im wesentlichen bekannt. Der tiefere Sinn dieser mathematischen Methode besteht darin, bereits bekannte Abhängigkeiten zwischen wichtigen Größen mathematisch zu formulieren und solche Abhängigkeiten aufzufinden, die bislang nicht bekannt sind. Man sollte sich also vor allem dort mit diesen Methoden beschäftigen, wo es größere Schwierigkeiten im Produktionsablauf und bei der Einhaltung gewisser Qualitätskennziffern gibt. Es bleibt zu hoffen, daß auf diesem Wege ein Produktionsprozeß mathematisch durchdrungen und dadurch mehr Klarheit in solche Vorgänge hineingetragen wird.

Es soll nicht verschwiegen werden, daß der Rechenaufwand bei den hier zitierten Aufgaben ganz enorm ist. Mit Hilfe von elektronischen Rechenanlagen wird jedoch dieser Aufwand auf ein Minimum reduziert. Somit besteht kein Grund mehr, solche Aufgaben wegen der damit verbundenen Mehrarbeit nicht in Angriff zu nehmen.

An dieser Stelle sei dem VEB Spinnstoffwerk „Otto Buchwitz", Glauchau, herzlich gedankt für das Überlassen der notwendigen Meßwerte und für die Erlaubnis, die erhaltenen Resultate in dieser Arbeit benutzen zu dürfen.

Literatur

[1] *Linder, A.*, Statistische Methoden, 3. Auflage. Basel und Stuttgart: Birkhäuser-Verlag 1960.
[2] *Smirnow, N. W.*, und *Dunin-Barkowski, J. W.*, Mathematische Statistik in der Technik. Berlin: Deutscher Verlag der Wissenschaften 1963.
[3] *Felix, M.*, und *Blaha, K.*, Einführung der mathematisch-statistischen Kontrolle der Qualität in der Viskosefaserherstellung des VEB Spolana Neratovice. Forschungsbericht Nr. 65 des Technisch-ökonomischen Forschungsinstituts für chemische Industrie Prag (Übersetzung aus dem Tschechischen).

Eingegangen am 11. April 1964

Über die Benzoylierung von Polyamidfaserstoffen[1]

Manfred Jänsch
89. Mitteilung aus dem Institut für Textiltechnologie der Chemiefasern Rudolstadt-Schwarza

DK 677.494.675'126:542.95:535.343—15:543

Der Reaktionsverlauf bei der Darstellung partiell benzoylierter Polycaprolactamfaserstoffe wird beschrieben und aufgeklärt, und die seitens des Reaktionsmediums und des Faserstoffmaterials wirksamen Faktoren werden untersucht. Durch analytische und ultrarotspektroskopische Untersuchungen wird der Nachweis der chemischen Umsetzung erbracht.

О бензоилировании полиамидных волокон

Описан и объяснен ход реакции при получении частично бензоилированных волокон из поликапролактама. Исследовано влияние среды реакции и вида волокнистого материала. При помощи аналитических методов, а также ИК-спектров поглощения, показано наличие химической реакции при этом методе обработки волокна.

On the Benzoylation of Polyamid Fibres

The process of partial benzoylation of polycaprolactame fibres is described and elucidated. The parameters of fibrous substance and medium of reaction affecting the course of the benzoylation are investigated. Chemical changes are detected by analytical and infrared spectroscopic investigations.

1 Einleitung

Die drei großen chemischen Gruppen der klassischen Synthesefaserstoffe für den textilen Sektor — Polyamid, Polyester und Polyacrylnitril — sind in den letzten Jahren nicht durch grundsätzlich neue Gruppen erweitert worden, da die Möglichkeiten der synthetischen Chemie im Rahmen der wirtschaftlichen Gegebenheiten und des derzeitigen Entwicklungsstandes der Grundchemie weitgehend erschöpft sind [1]. Trotzdem wurden umfangreiche Forschungsarbeiten

[1]) Auszug aus der Dissertation *M. Jänsch*, Institut für Textilchemie der Technischen Universität Dresden 1964.

ausgeführt; ihr Schwerpunkt verlagerte sich jedoch von der reinen Synthese auf die qualitative Verbesserung der vorliegenden Synthesefaserstoffe, die Entwicklung wertvoller Variationen und die Erweiterung der Anwendungsgebiete.

Seit Beginn der großtechnischen Herstellung von Polyamidfaserstoffen werden alljährlich Patente für chemische Nachbehandlungsverfahren zur Verbesserung bestimmter Eigenschaften angemeldet. Systematische Arbeiten über die Grundlagen chemischer Umsetzungen an Polyamidfaserstoffen, über die aus der chemischen Natur des Makromoleküls resultierenden Möglichkeiten für Reaktionen sowie über die dadurch zu erzielenden Veränderungen der übermolekularen Struktur und der Fasereigenschaften waren jedoch bisher nicht bekannt [2]. Der Umfang der veröffentlichten Arbeiten ist wesentlich geringer als beispielsweise bei Cellulose- und bei Wollfasern. Das erklärt sich auch aus der geringen Reaktionsfähigkeit des Wasserstoffs der Peptidgruppe, der in erster Linie für eine chemische Umsetzung in Frage kommt [3]. Durch die Ausbildung von Wasserstoffbrückenbindungen wird die Reaktionsfähigkeit noch vermindert.

Die bereits großtechnisch verwirklichte Färbung von Polyamidfaserstoffen mit reaktiven Dispersionsfarbstoffen, die zur Ausbildung einer kovalenten Bindung zwischen dem Farbstoffmolekül und der Peptidgruppe führt, stellt einen ersten Erfolg bei der chemischen Umsetzung unter Erhaltung der Faserstruktur dar [4].

Das bisher bekannteste Reagenz zur chemischen Umsetzung von Polyamiden ist der Formaldehyd. In Gegenwart von Basen oder schwachen Säuren werden N-substituierte Methylolpolyamide erhalten [5, 6]. Bei der Einwirkung von Formaldehyd auf festes Polyamid in Gegenwart starker Säuren und beim Erhitzen von Methylolpolyamid entstehen durch Methylenbrücken vernetzte Produkte. Alkoxyalkyl- und Alkylthioalkyl-Derivate entstehen bei der Behandlung mit Lösungen von Formaldehyd in Alkoholen oder Merkaptanen in Anwesenheit von Säuren. Durch Umsetzung von Alkoxymethylpolyamid mit Thioharnstoff entstehen Merkaptomethylgruppen, die zu Disulfidbrücken umgewandelt werden können [5, 7]. Bei der Pfropfung von Äthylenoxyd auf Nylon werden mehrere Moleküle ätherartig an den Amidstickstoff angelagert, dadurch entstehen Seitenketten [8, 10]. Alle diese chemischen Umsetzungen können weitgehende Veränderungen der Eigenschaften hervorrufen, auf die hier nicht im einzelnen eingegangen werden kann. Durch monofunktionelle Reaktionen werden die zwischenmolekularen Kräfte stark geschwächt, damit sind andere Quellungs- und Löslichkeitsverhältnisse sowie herabgesetzte Schmelzpunkte, niedrigere Festigkeit und höhere Elastizität verbunden. Durch bifunktionelle Umsetzung ist es möglich, unlösliche und unschmelzbare Faserstoffe mit hoher Elastizität zu erhalten.

Bei der von Porter bearbeiteten heterogenen Nitrosierung von Nylon 6,6 wird der Amidwasserstoff durch eine Nitrosogruppe ersetzt [9]. Es wurden partiell nitrosierte Nylongarne und auch vollständig nitrosierte Produkte hergestellt. Durch vollständige Nitrosierung entsteht ein gelbes, in Lösungsmitteln für Nylon unlösliches Pulver, das teilweise in Benzol, Toluol und Chloroform löslich ist.

Sowjetische Autoren haben die Pfropfung von Monomeren mit Vinylgruppen auf Filme von Polyamid 6 (Capron) und einem Copolyamid (Anid H 669) untersucht [11 bis 14]. Als Monomere werden Xylol, Vinylacetat, Vinylidenchlorid, Acrylnitril und Methylacrylat angewendet. Das Polymer wurde zuerst einer Vorbehandlung mit Wasserstoffperoxid oder Ozon zur Bildung von hydroperoxidischen Gruppen unterworfen und dann mit dem Monomeren zusammengebracht. Ähnliche Untersuchungen wurden auch von anderen Autoren bekannt [15].

2 *Benzoylierungsversuche zum Studium des Reaktionsverlaufes*

2.1 *Allgemeines*

Acylierungen des monomeren Caprolactams mit organischen Säurechloriden in Gegenwart von tertiären Aminen sind bereits wiederholt ausgeführt worden [16, 17]. Entsprechende Versuche an Polyamidfaserstoffen wurden von *Hashimoto* ausgeführt, wobei jedoch lediglich Umsetzungen der Aminoendgruppen erzielt wurden [18].

Die eigenen Versuche bezogen sich in erster Linie auf die Benzoylierung der Peptidgruppe in verstreckten Polycaprolactam-Seidenfäden (DEDERON). An dieser heterogenen Reaktion nehmen zuerst nur die Aminoendgruppen und die Peptidgruppen der Oberfläche sowie gut zugängliche Bereiche der Faserinnern teil. In den gut geordneten Bereichen müssen mit Hilfe eines Quellmittels die Wasserstoffbrücken aufgebrochen werden. Das ist ohne Spaltung der Hauptvalenzkette möglich, da die Bindungsenergie der Wasserstoffbrückenbindung mit 5 kcal/mol angegeben wird, während die Bindungsenergie einer C—N-Bindung 50 kcal und die einer C—C-Bindung 80 kcal beträgt [20] (Bild 1).

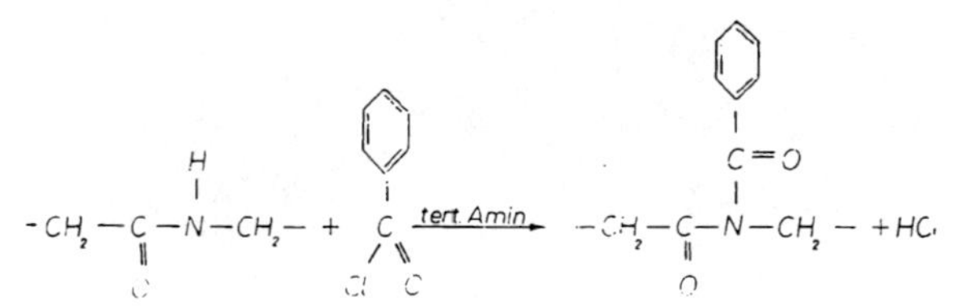

Bild 1. Reaktionsgleichung für die Benzoylierung von Polyamidfaserstoffen mit Benzoylchlorid

Das Molgewicht eines Grundbausteins von Polycaprolactam beträgt 113,15, der Wert für den in die Peptidgruppe eingeführten Benzoylrest ist 105,12, deshalb entsteht bei der Benzoylierung stets eine deutliche Gewichtszunahme, aus welcher der Umsetzungsgrad errechnet werden kann. Zur Charakterisierung des Umsetzungsgrades wurde die bei Cellulosefasern gebräuchliche Bezeichnung DS-Wert eingeführt [19]; sie bedeutet „degree of substitution" oder deutsch „durchschnittlicher Substitutionsgrad" und gibt die Anzahl der je Grundmolekül im Durchschnitt umgesetzten funktionellen Gruppen an. Da Polycaprolactamfasern monofunktionell sind, bedeutet der DS-Wert 1 eine vollständige Umsetzung der Peptidgruppen.

2.2 *Ausführung*

Die auf Spulen angelieferten DEDERON-Seiden wurden in Strangform gebracht, Faserflocke und andere Aufmachungsformen wurden unverändert eingesetzt. Zur Entfernung von Präparation und niedermolekularen Anteilen wurde bei Zimmertemperatur mit CCl_4 ausgeschüttelt und getrocknet, dann mit destilliertem Wasser gewaschen. Nach Trocknung bei 70 °C und Abkühlen im Exsikkator wurde auf 0,1 mg genau eingewogen.

Die chemische Umsetzung wurde in der geschlossenen Glasapparatur von Bild 2 vorgenommen. Es handelt sich dabei um einen Dreihals-Sulfierkolben mit Normschliffen, der mit KPG-Rührer, Eintauchthermometer und Rückflußkühler versehen ist. Durch ein thermostatiertes Glycerinbad war eine gleichmäßige Beheizung gewährleistet. Die Reaktionspartner wurden miteinander vermischt, und nach Erreichung der vorgesehenen Temperatur wurde das Fasermaterial zugegeben.

Nach Ablauf der Behandlungszeit wurde das Material durch die mittlere Öffnung des Kolbens entnommen und auf einer Glasfilternutsche abgesaugt; zwecks Verdrängung des Reaktionsmediums wurde mehrmals mit einem mischbaren Lösungsmittel und abschließend mit Äthanol ge-

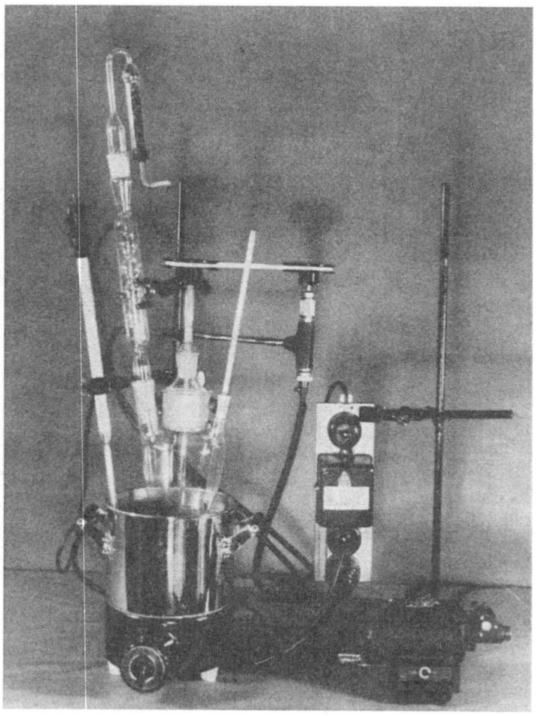

Bild 2. Behandlungsapparatur

waschen. Danach wurde wieder bei 70 °C getrocknet und nach Abkühlen im Exsikkator auf 0,1 mg genau gewogen. Aus der Gewichtsdifferenz zwischen Einwaage und Auswaage wurde die Gewichtszunahme ΔG errechnet.

Die Bestimmung der Längenabnahme (Schrumpfung) ΔL_I wurde an Seidensträngen vorgenommen: Nach dem Anhängen eines Belastungsgewichtes von 20 g wurde die Länge vor der Behandlung L_0 und nach der Behandlung L_1 ausgemessen:

$$\frac{L_1 - L_0}{L_0} \times 100 = \Delta L_I \ [\%]$$

2.3 *Temperatureinfluß*

Die Reaktion ist stark temperaturabhängig. Bild 3 zeigt eine graphische Darstellung von Schrumpfung und DS-Wert in Abhängigkeit von der Temperatur bei 60 min Reaktionszeit. Beide Kurvenzüge sind durch einen S-förmigen Verlauf gekennzeichnet, die Schrumpfung eilt der chemischen Umsetzung voraus. Der zwischen 90 und 100 °C zu beobachtende steile Anstieg der Kurven kennzeichnet das Durchreagieren des gesamten Faserquerschnitts. Dabei steigt die Schrumpfung von 16 auf 56% und der DS-Wert von 0,10 auf 0,63 an. Beim Siedepunkt des Reaktionsgemisches (117 °C) wird ein Endwert von 70% Schrumpfung und eine Gewichtszunahme von 60,8% entsprechend einem DS-Wert von 0,66 erreicht. Die benzoylierten Polycaprolactam-Seidenfäden sind gelb gefärbt.

Die Einführung des sperrigen Benzoylrestes in die hochorientierten und relativ dicht gepackten Kettenmoleküle des Polycaprolactams entspricht praktisch einer erheblichen Quellung. Für die beobachtete Längenabnahme gelten die von *Forward* und *Palmer* entwickelten Vorstellungen über den Mechanismus der Längenänderung bei der Einwirkung von Quellmitteln

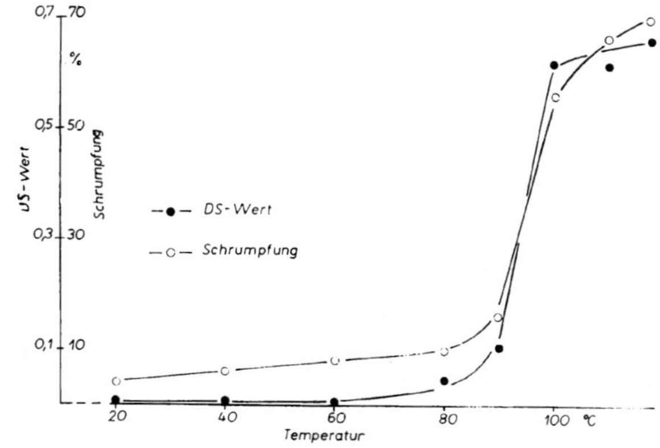

Bild 3. Benzoylierung von DEDERON-Seide in Abhängigkeit von der Temperatur

und Temperatur auf verstreckte Fasern (21), beide Einflüsse addieren bzw. überlagern sich in diesem Falle. Beim Herausnehmen aus dem Reaktionsgemisch zeigte das stark gequollene Fasermaterial eine Längenabnahme um beispielsweise 44%, durch teilweises Entquellen mit Äthylalkohol wurde ein Wert von 52% und nach dem Trocknen und Abkühlen ein Endwert ΔL_I von 70% erreicht (Bild 4).

2.4 *Abhängigkeit von der Reaktionszeit*

Der Einfluß der Reaktionszeit auf die Benzoylierung wurde bei 80 und 117 °C untersucht, da bei der Untersuchung des Temperatureinflusses große Unterschiede in den DS-Werten gefunden worden waren. Zur Erweiterung der Kenntnisse über den Mechanismus der Reaktion wurden neben den Seidenfäden mit ∅ 0,05 mm auch Borsten mit zehnfachem Durchmesser verwendet.

Bei der Anwendung einer konstanten Reaktionstemperatur werden ebenfalls wieder S-förmige Kurvenzüge für Schrumpfung und chemische Umsetzung ermittelt. Wie Bild 5 zeigt, können auch bei 80 °C nach längeren Umsetzungszeiten hohe Umsetzungsgrade erreicht werden. Die Umsetzungskurve läßt sich in vier Abschnitte einteilen. Im ersten Abschnitt, der sich bis zu 4 h erstreckt, tritt bei geringer Schrumpfung eine Gewichtszunahme ΔG von 11% entsprechend einem DS-Wert von 0,12 auf. Der zweite Bereich be-

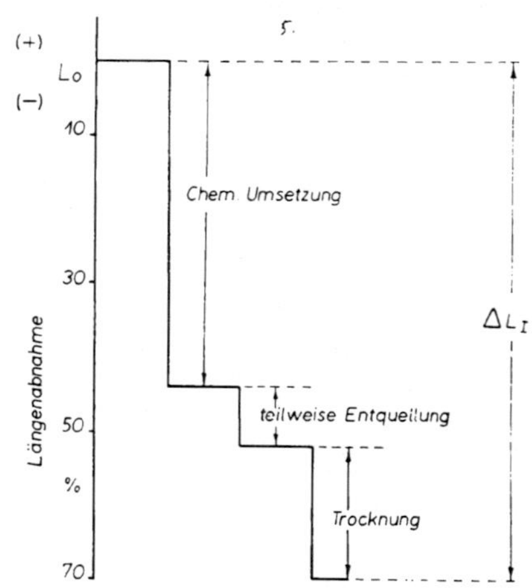

Bild 4. Verlauf der Längenänderung bei der Benzoylierung von DEDERON-Seide

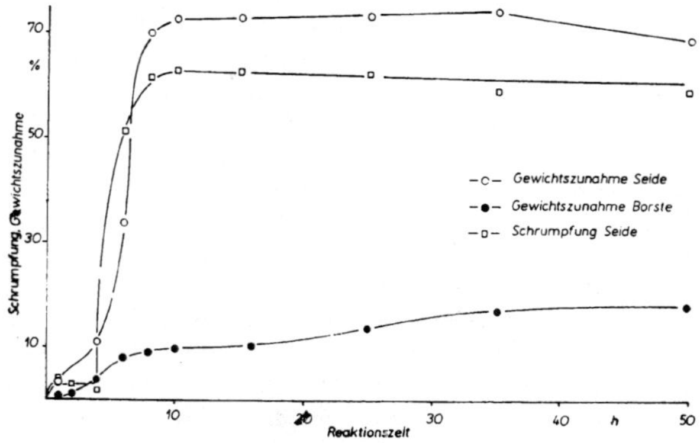

Bild 5. Benzoylierung von DEDERON-Seide in Abhängigkeit von der Reaktionszeit bei 80 °C

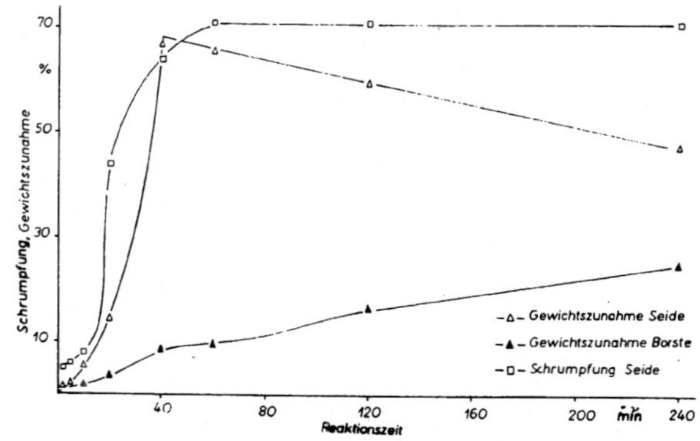

Bild 6. Benzoylierung von DEDERON-Seide in Abhängigkeit von der Reaktionszeit bei 117 °C

ginnt mit starkem Ansteigen der Schrumpfung, dem ein ebenso steiler Anstieg der chemischen Umsetzung folgt; am Ende dieses Bereiches nach einer Reaktionszeit von 8 h beträgt die Schrumpfung 62% bei einer Gewichtszunahme von 70% und einem DS-Wert von 0,76. Im dritten Abschnitt der Umsetzungskurve wird bei etwa gleichbleibender Schrumpfung nach 35 h ein Maximum der Gewichtszunahme von 74,5% entsprechend einem DS-Wert von 0,8 erreicht. Der vierte Bereich bringt wieder einen Rückgang der Gewichtszunahme, und nach 75 h lag ein Wert von 62,6% vor.

Bei der Temperatur 117 °C verläuft die Reaktion mit wesentlich größerer Geschwindigkeit als bei 80 °C. Die Anlaufperiode ist verkürzt, bereits nach 10 min beträgt die Schrumpfung 8% bei 5,5% Gewichtszunahme. Es folgt dann wieder ein steiler Anstieg, der Maximalwert der Gewichtszunahme von 66,8% entsprechend einem DS-Wert von 0,72 bei 64% Schrumpfung nach 40 min kennzeichnet bereits das Ende des zweiten Abschnitts der Umsetzungskurve. Diesem schließt sich der vierte Abschnitt mit dem Rückgang der Gewichtszunahme direkt an, wobei nach 240 min ein Wert für ΔG von 47,8% ermittelt wurde (Bild 6).

Während der Benzoylierung von Borsten wurden keine Schrumpfungen beobachtet. Der Verlauf der Umsetzungskurve ist anders als bei Seidenfäden, und die Gewichtszunahmen liegen wesentlich niedriger. Die Gewichtszunahme erreicht zum Beispiel bei 80 °C nach 8 h einen Wert von 9% und bei 75 h von 19,3%. Bei 117 °C beläuft sich der Wert für ΔG nach 40 min auf 8,7% und nach 240 min auf 25%. Hier beschränkt sich die chemische Umsetzung auf eine Oberflächenschicht, über die entsprechenden Untersuchungsergebnisse wird an anderer Stelle berichtet [34].

In Bild 7 ist der Zusammenhang zwischen Schrumpfung der Seidenfäden und ihrem Umsetzungsgrad graphisch dargestellt; der Kurvenverlauf beider Reaktionstemperaturen ist etwa gleich. Allerdings ist entsprechend den bereits zitierten Vorstellungen von *Forward* und *Palmer* ein bestimmter DS-Wert der Benzoylierung bei 117 °C durch den größeren Temperatureinfluß auch mit einer höheren Schrumpfung als bei 80 °C verbunden. Die Diagramme bestätigen die Quellwirkung der monofunktionellen Benzoylierung. Bei 80 °C findet die chemische Umsetzung bis zum DS-Wert von 0,12 bei einer gleichbleibenden Schrumpfung von etwa 3% statt; es ist zu vermuten, daß hier die Faseroberfläche umgesetzt wird. Im nachfolgenden zweiten Bereich, der durch eine hohe Reaktionsgeschwindigkeit charakterisiert ist, steigt zuerst die Schrumpfung stark an. Aus diesem Bereich wurde eine Probe erhalten, die beim DS-Wert von 0,37 eine Schrumpfung von 51% aufwies; sie zeigte eine feinbogige Kräuselung, die durch mechanische Beanspruchung nicht zu beseitigen war. In diesem Bereich findet offensichtlich zuerst eine Durchquellung des gesamten Faserkörpers statt, der dann das Durchreagieren folgt. Bei gleichbleibender Schrumpfung von etwa 60% findet dann im dritten Bereich eine Steigerung des DS-Wertes auf etwa 0,8 statt.

Bei 117 °C liefert der Zusammenhang von Schrumpfung und DS-Wert ebenfalls einen S-förmigen Kurvenverlauf, allerdings liegt der Anfangsbereich mit 8% Schrumpfung bei einem DS-Wert 0,06 bereits höher als bei 80 °C. Der Anstieg der durch starke Quellung bewirkten Schrumpfungswerte erfolgt schneller, und bereits beim DS-Wert 0,15 wurde eine Schrumpfung von 44% bestimmt, die Probe zeigte ebenfalls eine wollähnliche Kräuselung bei nur leichter Verfärbung. Im letzten Bereich steigt bei fast konstanter Schrumpfung von etwa 70% der DS-Wert auf 0,8 an.

Ähnliche S-förmige Kurvenzüge wie im vorliegenden Falle für Schrumpfung und Umsetzungsgrad hat *Kunzmann* [22] für die Längenänderung beim Befeuchten von DEDERON-

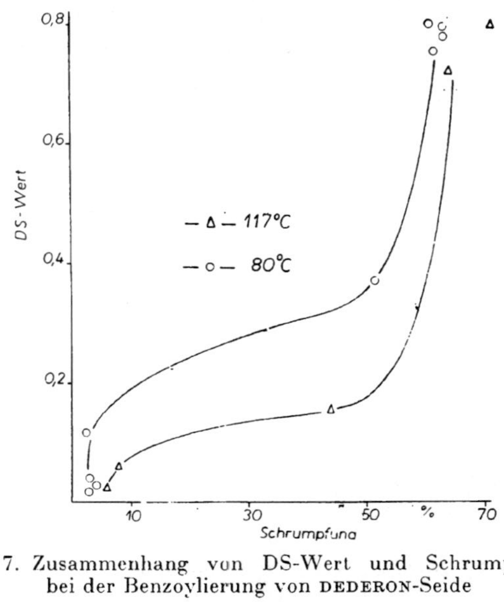

Bild 7. Zusammenhang von DS-Wert und Schrumpfung bei der Benzoylierung von DEDERON-Seide

Fäden gefunden, dabei wurde die Induktionsperiode als Relaxationszeit gedeutet. Von *Pakšver* [23] wurde bei Untersuchungen zur Hydrolyse von Polyamidfaserstoffen ein Diffusionseinfluß festgestellt. In Analogie zu den genannten Untersuchungen kann die bei der Benzoylierung beobachtete Induktionsperiode als Diffusions- und Relaxationszeit gedeutet werden.

2.5 *Einfluß der Konzentration*

Der Einfluß der Benzoylchloridkonzentration wurde durch Umsetzungsreihen bei 80 °C untersucht. Die Reaktionszeiten wurden bei den einzelnen Konzentrationen unterschiedlich gewählt, um partiell benzoylierte Seidenproben mit abgestuften Substitutionsgraden zu erhalten. Bild 8 bringt eine graphische Darstellung der Reaktionsgeschwindigkeit. Bei Anwendung der stöchiometrischen Menge an Benzoylchlorid (100 mol% bezogen auf eingesetztes Polyamid) war die Reaktionsgeschwindigkeit äußerst gering, nach 97 h Reaktionszeit wurde eine Gewichtszunahme von 8,9% entsprechend einem DS-Wert von 0,097 bei 10,2% Schrumpfung erreicht; daraus kann auf nur oberflächliche Umsetzung der Fasersubstanz geschlossen werden.

Die Beeinflussung der Reaktionsgeschwindigkeit durch die Konzentration zeigt sich bereits deutlich bei Anwendung der dreifachen Menge an Benzoylchlorid (300 mol%). Die Fäden reagieren vollständig durch, und nach 10 h beträgt die Gewichtszunahme 69,4% und der DS-Wert 0,75 bei 57,2% Schrumpfung, bei 25 h steigt der DS-Wert auf 0,77 an. Diese Werte entsprechen etwa dem Reaktionsverlauf in Bild 5.

Eine Erhöhung der Benzoylchloridkonzentration auf 600 mol% führte zu weiterer Steigerung der Reaktionsgeschwindigkeit; 70,2% Gewichtszunahme und ein DS-Wert 0,76 bei 57,2% Schrumpfung wurden bereits nach 3 h erzielt, als Endwert dieser Reihe nach 7 h wurde ein DS-Wert 0,81 festgestellt (Bild 8).

3 *Einfluß des Fasermaterials auf die Benzoylierung*

3.1 *Oberflächenverhältnisse und chemische Konstitution*

Im Verlaufe der Benzoylierung von Seidenfäden und Borsten aus DEDERON wurde bereits Beeinflussung des Reaktionsverlaufes durch die Feinheit der Einzelfäden festgestellt. Vom Anbeginn der chemischen Umsetzung an war die Reaktionsgeschwindigkeit der Borsten wesentlich geringer, außerdem blieb die Reaktion auf eine Oberflächenschicht beschränkt.

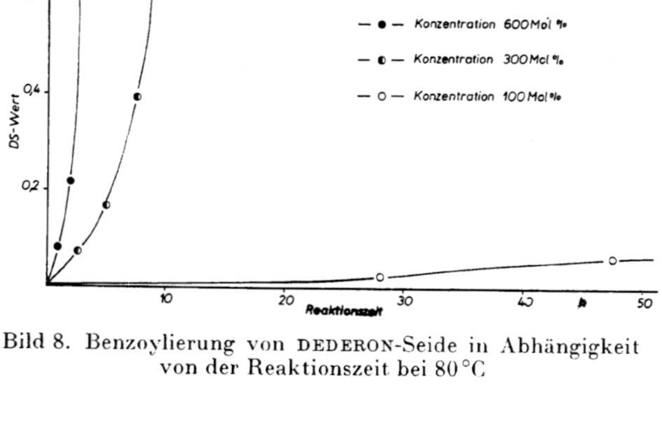

Bild 8. Benzoylierung von DEDERON-Seide in Abhängigkeit von der Reaktionszeit bei 80 °C

Weitere Versuche erstreckten sich auf die Verwendung von DEDERON-Seide gleicher Feinheit, jedoch unterschiedlicher Querschnittsform. Es wurden nach dem Verfahren von *Bolland* [24] ersponnene und anschließend verstreckte und gewaschene Monofilseiden 2,2 tex mit Hohlprofil- und Sternprofilquerschnitt in Vergleichsversuchen zusammen mit runden Fäden benzoyliert. Dabei stellte sich heraus, daß derartige Veränderungen der spezifischen Oberfläche belanglos sind.

Zwischen den relativ starken Kapillaren einer Monofilseide 2,2 tex und den etwa um das Fünffache feineren Einzelkapillaren einer DEDERON-Cordseide 29,4 tex bestehen erhebliche Unterschiede in der Reaktionsfähigkeit. Die Monofilfäden benötigen etwa die drei- bis vierfache Zeit zum Durchreagieren.

Die Reaktionsfähigkeit von Nylon 6,6-Cordfäden wurde im Vergleich zu DEDERON-Cord untersucht, wobei die Nylon 6,6-Fäden eine etwas schlechtere Reaktionsfähigkeit erkennen ließen.

Zur Untersuchung des Einflusses der Aminoendgruppen wurden DEDERON-Monofilfäden mit nach *Zahn* und *Rathgeber* [25] durch Behandlung mit 2,4-Dinitrofluorbenzol blockierten Aminoendgruppen im Vergleich zu unveränderten Fäden benzoyliert. Bei allen Versuchen wurde eine geringe Verbesserung der Reaktionsfähigkeit durch Blockierung der Aminoendgruppen festgestellt. Die Dinitrobenzol-Gruppen wirken praktisch als Quellmittel, so daß in den untersuchten Reaktionsstufen der Umsetzungsgrad der modifizierten Proben stets höher war als beim nicht vorbehandelten Material. Der Reaktionsverlauf erscheint gleichartig und die Schrumpfung zeigt ebenfalls keine Unterschiede.

3.2 *Verstreckung*

Die Veränderung der Reaktionsfähigkeit durch Verstreckung wurde am Beispiel einer 8 Stufen umfassenden Verstreckungsreihe von DEDERON-Cordseide untersucht. Es wurde ungewaschenes und bei 90 °C gewaschenes Material eingesetzt, wobei stets die gleichen Reaktionsbedingungen angewendet wurden.

Die Abhängigkeit der Schrumpfung und des Umsetzungsgrades vom Verstreckverhältnis ist in Bild 9 graphisch dargestellt. Das ungewaschene, unverstreckte Material (1:1,0) erreicht einen DS-Wert von 0,55; mit zunehmender Orientierung geht dann die Reaktionsfähigkeit entsprechend dem dargestellten Kurvenverlauf zurück. Bei der Endverstreckung 1:4,4 liegt ein DS-Wert 0,29 vor. Die Verstreckstufe 1:2,5 fällt durch geringere und die Stufe 1:4,1 durch höhere Reaktionsfähigkeit aus der Kurve heraus. Diese Punkte können Streuungen im Material oder Umwandlungserscheinungen darstellen, wie sie *Böhringer* [26] als Verstreckungsoptimum mit dem Verstreckverhältnis 1:2,5 bei DEDERON-Feinseide beschrieben hat.

Obwohl bei der unverstreckten Seide ein hoher Umsetzungsgrad vorliegt, ist die Schrumpfung gering. Trotz des Rückganges der DS-Werte steigt dann mit zunehmendem Verstreckverhältnis die Schrumpfung an; dabei ist eine zunehmende Kräuselung der benzoylierten Seidenproben zu beobachten.

Durch den Waschprozeß geht die Reaktionsfähigkeit des Materials stark zurück, es werden lediglich DS-Werte von 0,09 bis 0,17 erzielt, gleichzeitig wird die Verstreckungsabhängigkeit vermindert. Die niedrigen

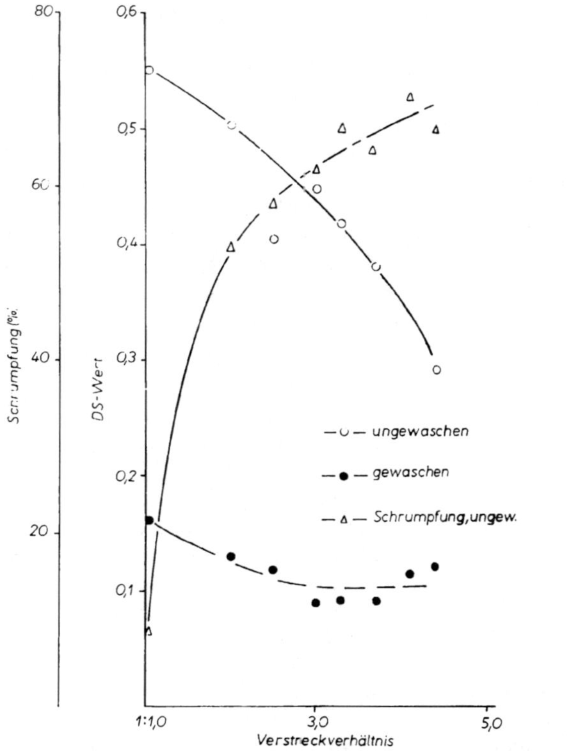

Bild 9. Einfluß der Verstreckung auf die Benzoylierung von DEDERON-Cordseide

Schrumpfungswerte liefern den Beweis, daß die Reaktion nicht über die Anlaufperiode hinauskommt.

3.3 Thermische Vorbehandlung

Die Versuche des vorhergehenden Abschnitts deuteten eine erhebliche Beeinflussung von DEDERON-Seide durch thermische bzw. hydrothermische Einflüsse an. Deshalb erschien es notwendig, den Einfluß verschiedener Behandlungen auf die Reaktionsfähigkeit zu erfassen. Die Versuchsbedingungen wurden so gewählt, daß durch Variation der Reaktionstemperatur bei allen Proben hohe Umsetzungsgrade erzielt werden. Für die untersuchten Proben ist die bei der Benzoylierung gemessene Schrumpfung in Bild 10 und der aus der Gewichtszunahme errechnete DS-Wert in Bild 11 graphisch dargestellt. Der Strukturzustand des zur Benzoylierung eingesetzten Materials wurde mit Hilfe der gebräuchlichen chemischen und physikalischen Untersuchungsmethoden eingehend charakterisiert. Es lagen folgende Ausgangsmaterialien zur Benzoylierung vor:

1. DEDERON-Monofilseide unverstreckt 8,0 tex (Nm 125/l);
2. Material von 1, verstreckt 1:3,7, 2,2 tex (Nm 450/l);
3. Material von 2, gewaschen auf Lochspule 30 min, 90 °C;
4. Material von 3, Thermofixierung im Strang 30 min, 170 °C;
5. Material von 3, Thermohydrofixierung im Strang 30 min, 133 °C (2 atü).

Unverstreckte Seidenfäden zeigen die beste Reaktionsfähigkeit, die Benzoylierung erfolgt ohne wesentliche Schrumpfungseffekte, bereits nach 12 min wird

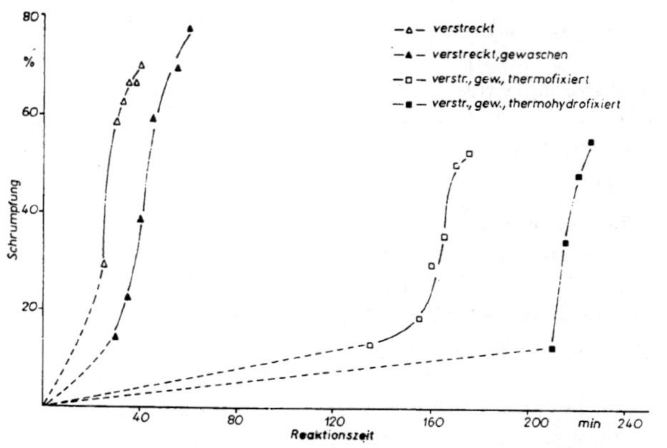

Bild 10. Benzoylierung von DEDERON-Seide bei 100 °C, Schrumpfung in Abhängigkeit von der Reaktionszeit

ein DS-Wert von 0,55 erreicht. Dieses Material lag im Ausgangszustand in der hexagonalen Ordnung vor, es war nur geringe Vororientierung vorhanden. Aus der Dichte [27] und der Jodsorption nach *Schwertassek* [28] konnte auf einen niedrigen Ordnungsgrad geschlossen werden.

Die Verstreckung führt zur Ausbildung der monoklinen α-Form und zur Verbesserung der Orientierung, weiter ist eine Zunahme der Kristallinität und der Langperioden festzustellen. Diese Veränderungen bewirken einen geringen Rückgang der Jodsorption. Bei der Benzoylierung tritt eine Inhibitionsperiode auf, das Fasermaterial muß durch Quellung über den gesamten Faserquerschnitt für die Reaktion zugängig gemacht werden. So werden 25 min bis zur Erreichung eines DS-Wertes von 0,13 bei 29% Schrumpfung benötigt; nach 40 min Reaktionszeit steigt der DS-Wert auf 0,5 an.

Der Waschprozeß bewirkt eine Vervollkommnung des Strukturzustandes, die Orientierung wird bei gleichzeitiger Zunahme der Kristallinität und der Langperiode verbessert, damit ist auch ein Rückgang der Jodsorption und ein Anstieg der kritischen Quellungszeit [29] verbunden. Die Induktionsperiode der Benzoylierung wird auf 35 min verlängert (DS-Wert 0,12), nach 55 min wird ein DS-Wert 0,48 beobachtet.

Temperatureinwirkung auf gewaschene Seidenfäden im spannungslosen Zustand verbessert die Kristallinität bei geringem Rückgang der Orientierung, gleichzeitig werden die Langperioden vergrößert. Jodsorption und kritische Quellungszeit zeigen ebenfalls eine Ver-

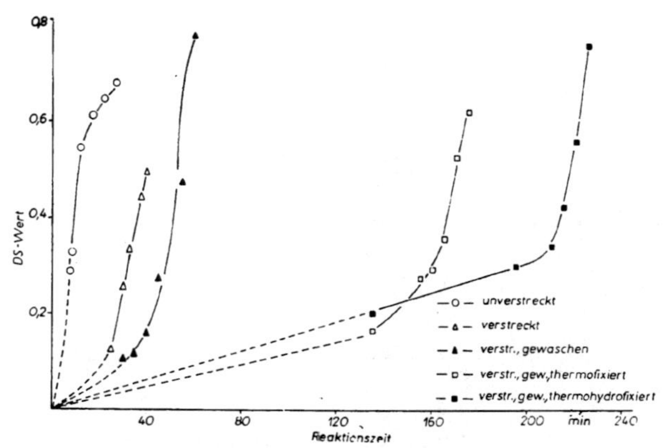

Bild 11. Benzoylierung von DEDERON-Seide bei 100 °C, DS-Wert in Abhängigkeit von der Reaktionszeit

gütung des Strukturzustandes an. Die Rekristallisationsvorgänge äußern sich in einer Verlängerung der Inhibitionsperiode auf das Vierfache, nach 135 min beim DS-Wert 0,17 werden erste Schrumpfungseffekte beobachtet, nach 170 min wird ein DS-Wert von 0,53 ermittelt.

Die Einwirkung von Temperatur und Wasser auf gewaschene Seidenfäden bewirkt etwa die gleiche Kristallinität wie die rein thermische Behandlung, die Langperiode wird jedoch vergrößert, während die Orientierung etwas zurückgeht. Durch die Bestimmung der Jodsorption und der kritischen Quellungszeit wird ein gegenüber der thermischen Behandlung verbesserter Ordnungszustand festgestellt. Die Bestimmung der Jodsorption mit verdünnter Jodlösung zeigt eine Zunahme der weniger geordneten Bereiche an. Die speziellen Strukturverhältnisse bei thermohydrofixierten Proben wirken sich auch auf den Verlauf der Benzoylierung aus. Die Induktionsperiode steigt zwar steiler an als beim thermofixierten Material, und nach 135 min wird ein DS-Wert von 0,20 erreicht; sie ist jedoch wesentlich länger, und nach 210 min ist der DS-Wert erst auf 0,34 angestiegen, wobei erste Schrumpfungseffekte zu beobachten sind. Nach 220 min wird ein DS-Wert von 0,56 erreicht.

In Bild 12 wird der Zusammenhang zwischen DS-Wert und Schrumpfung für die untersuchten Seidenfäden graphisch dargestellt; das unverstreckte Material ist nicht eingezeichnet, da keine Schrumpfung auftrat. Verstreckte sowie verstreckte und gewaschene DEDERON-Seiden zeigen praktisch den gleichen Kurvenverlauf. Bis zum DS-Wert 0,1 findet nur geringe Schrumpfung statt, es folgt dann bei nur wenig verändertem Umsetzungsgrad eine Zunahme der Schrumpfung von 15 auf 65%; dieser Bereich endet etwa beim DS-Wert 0,4. Danach wird bei fast gleichbleibender Schrumpfung das durch Quellung zugänglich gemachte Fasermaterial chemisch umgesetzt, wobei DS-Werte bis 0,8 erhalten werden.

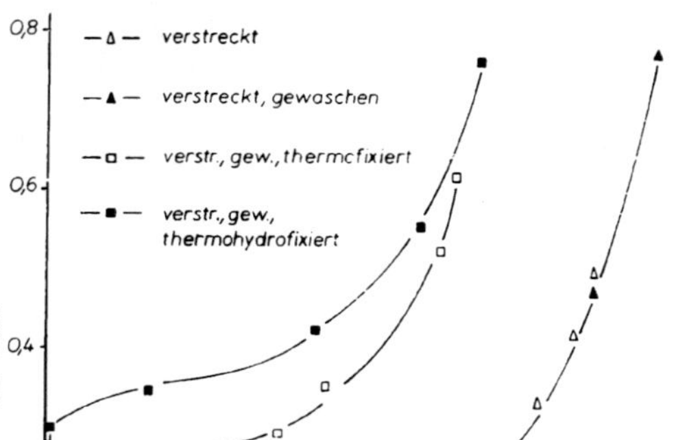

Bild 12. Zusammenhang von DS-Wert und Schrumpfung bei der Benzoylierung von DEDERON-Seide mit unterschiedlicher Ausgangsstruktur

Das thermofixierte Material erreicht im Vergleich zu unfixierten Seidenproben gleiche DS-Werte grundsätzlich bei niedrigerer Schrumpfung. Starker Rückgang der Länge tritt erst oberhalb DS-Wert 0,27 auf, wobei die Schrumpfung von 18,8% auf 42% beim DS-Wert 0,4 ansteigt. Besonders ausgeprägt ist im Anfangsbereich die Dimensionsstabilität der thermohydrofixierten Proben, die bis zum DS-Wert 0,3 ihre Ausgangslänge beibehalten; es folgt dann Schrumpfungsanstieg, und beim DS-Wert 0,4 wird mit etwa 31% Schrumpfung ein Wert erreicht, wie ihn unfixierte Proben bereits beim DS-Wert 0,13 aufweisen.

4 *Nachweis der Benzoylierung*

Beim Nachweis benzoylierter Peptidgruppen in Polycaproamidfasern ist zu berücksichtigen, daß stets nur partiell umgesetzte Produkte vorliegen; eine Trennung des Anteiles N-Benzoylpolycaproamid von nicht umgesetztem Polycaproamid ist nicht möglich. Das vollständig benzoylierte Produkt lag als braun gefärbte Paste vor, nach dem Auswaschen von eventuell eingeschlossener Benzoesäure wurde ein DS-Wert von 1 ermittelt, eine Reinigung durch Umfällung gelang nicht. Die Untersuchungen zum Nachweis der Benzoylierung mußten deshalb an partiell benzoylierten Fasern erfolgen.

Zum ersten Nachweis der chemischen Umsetzung wurde verstreckte DEDERON-Seide mit *p*-Nitrobenzoylchlorid umgesetzt. Die aromatischen Nitrogruppen wurden in salzsaurem Medium mit Eisenfeilspänen reduziert, anschließend wurden die entstandenen Aminogruppen diazotiert und mit β-Naphthol gekuppelt, dabei entstand eine stumpfe rote Färbung.

Als Modellsubstanz für die Benzoylierung wurde das monomere Caprolactam unter den für Faserstoffe angewendeten Bedingungen zu N-Benzoylcaprolactam umgesetzt. Es entstanden farblose Kristalle, die nach Umkristallisation aus einem Äther:Benzin-Gemisch (1:5) einen Schmelzpunkt von 70°C aufwiesen; dies entspricht den in der Literatur angegebenen Werten [30, 17]. Die Untersuchungsergebnisse der Elementaranalyse (CHN) entsprechen der Theorie.

Da durch Benzoylierung der C-Gehalt der Polycaproamidfaserstoffproben ansteigt, N- und H-Gehalt jedoch abnehmen, sind elementaranalytische Untersuchungen an partiell benzoylierten Faserproben zur Kontrolle der gravimetrischen Bestimmung des Umsetzungsgrades geeignet. Es ist allerdings zu berücksichtigen, daß technische Produkte vorliegen, die beispielsweise geringe Mengen an H_2O und TiO_2 als Verunreinigungen enthalten. Bei den untersuchten Faserproben war trotzdem eine gute Übereinstimmung der Analysenergebnisse mit den aus DS-Werten errechneten festzustellen. Die Analysenwerte zeigten auch die mit der Zunahme des Umsetzungsgrades zu erwartende Tendenz; als Beispiel seien in Bild 13 die Ergebnisse der N-Bestimmung nach *Dumas* angeführt. Mit Hilfe der Elementaranalyse wurde auch der für den vierten Bereich der Umsetzungskurve in Bild 5 und 6 genannte Reaktionsverlauf bewiesen. Die Analysenergebnisse der aus diesem Bereich untersuchten Proben entsprachen einem DS-Wert von 0,8.

Zur direkten Bestimmung des Gehaltes an Benzoylgruppen wurden partiell benzoylierte Faserproben durch Kochen mit 50% Schwefelsäure am Rückfluß verseift, die entstandene Benzoesäure wurde nach *Kuhn* [31] durch Wasserdampfdestillation abgetrennt und titrimetrisch bestimmt. Dabei

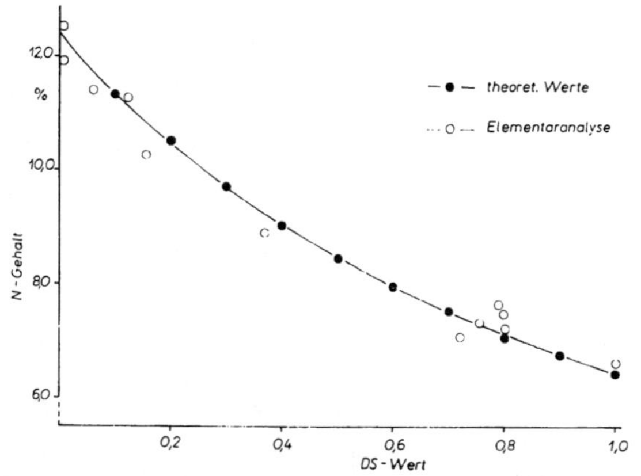

Bild 13. Mikro-N-Bestimmung an benzoylierten DEDERON-Seidenproben

wurden ebenfalls die gravimetrisch bestimmten DS-Werte bestätigt. Bei Proben aus dem vierten Bereich der Benzoylierungskurve wurde der DS-Wert 0,8 ermittelt.

Aus der Veränderung der Ultrarot-Absorptionsbanden der Peptidgruppe in Abhängigkeit vom *DS*-Wert kann auf die Umsetzung eines entsprechenden Anteiles des sekundären Amids in das tertiäre Amid geschlossen werden. Unter Anwendung der KBr-Preßtechnik wurden geeignete feinkapillarige Seidenfäden im Zeiß-Ultrarotspektrographen UR 10 untersucht. Zu Bild 14 sind die Ultrarotabsorptionskurven für unveränderte Polycaprolactamseide (0) und partiell benzoyliert mit dem DS-Wert 0,67 (I) dargestellt.

Die Veränderungen im Ultrarotspektrum durch partielle Benzoylierung im Bereich oberhalb 2000 cm^{-1} entsprechen etwa den Beobachtungen von *Wichterle* u. Mitarb. [32] bei der Untersuchung von in wäßriger Jodlösung gequollenen Filmen aus Polycaprolactam. Die mit steigendem DS-Wert zu beobachtende Intensitätsverringerung der Bande 3070 cm^{-1} und Verschiebung der Bande 3300 cm^{-1} nach 3400 cm^{-1} bei gleichzeitiger Abflachung sind mit der teilweisen Bildung von tertiärem Amid sowie dem Aufspalten von Wasserstoffbrückenbindungen und dem dadurch bedingten Vorliegen eines Anteils von freien N-H-Valenzschwingungen zu erklären. Die Verbreitung der Amidbande 1 bei 1650 und 1680 cm^{-1} (C=0-Valenzschwingung) nach größeren Wellenzahlen läßt auf die Einführung weiterer Carboxylgruppen schließen. Die Amidbande 2 bei 1545 und 1562 cm^{-1} (NH-Deformationsschwingung) verschwindet durch Benzoylierung; das steht in Übereinstimmung mit dem Fehlen dieser Bande in tertiären Amiden [33]. Auch die Intensität der anderen Amidbanden geht mit steigendem Umsetzungsgrad zurück. In Analogie zum röntgenographisch beobachteten Strukturumschlag von monoklin nach amorph [34) steht auch das Verschwinden der sogenannten Kristallinitätsbanden.

Zusammenfassung

Für die Benzoylierung von Polyamidfaserstoffen wurden Reaktionsbedingungen erarbeitet, unter denen hohe Substitutionsgrade erzielt wurden und eine Regulierung der Reaktion durch äußere Einflüsse möglich war. Zur Aufklärung von Reaktionsverlauf und Reaktionsmechanismus wurden die Einflüsse von Temperatur, Zeit und der Benzoylchloridkonzentration untersucht. Die Versuche zur Reaktionszeit wurden bei 80 sowie 117 °C und unter gleichzeitiger Verwendung von DEDERON-Monofilfäden mit dem Verhältnis der Fadenstärken von 1:10 ausgeführt. Auch die von seiten des verwendeten Fasermaterials wirksamen Einflüsse auf die Reaktion wurden ermittelt. Zur Charakterisierung des Umsetzungsgrades wurde die in der Cellulosefaserchemie gebräuchliche Bezeichnung DS-Wert eingeführt; einem DS-Wert von 1 entspricht eine vollständige Umsetzung der Peptidgruppen, die Berechnung erfolgt aus der Gewichtszunahme. Bei verstreckten DEDERON-Seidenfäden wurde stets ein S-förmiger Verlauf der Umsetzungskurven beobachtet; sie können in vier Abschnitte eingeteilt werden.

Der erste Bereich der Umsetzungskurve ist als Induktionsperiode aufzufassen, hier findet in erster Linie eine chemische Umsetzung der Faseroberfläche statt. Mit verstreckten unfixierten Fäden wurden dabei DS-Werte um 0,1 erreicht. Durch Thermo- bzw. Thermohydrofixierung wird dieser Bereich auf einen DS-Wert von etwa 0,3 ausgedehnt, dabei wird in stärkerem Maße auch die Beteiligung amorpher Bereiche über den gesamten Querschnitt an der Reaktion angenommen. Damit ist eine erhebliche Verlängerung der Induktionsperiode verbunden. Auch durch Verringerung der spezifischen Oberfläche und durch Verstreckung geht die Reaktionsfähigkeit des eingesetzten Fasermaterials zurück. Durch Blockierung der Aminoendgruppen wird die Reaktion nicht verzögert. Mit steigender Temperatur und Konzentration wird die als Diffusions- und Relaxationszeit gedeutete Anlaufverzögerung verkürzt. Bei den angewendeten Bedingungen trat bei unverstreckten DEDERON-Seidenfäden praktisch keine Anlaufverzögerung auf, während bei DEDERON-Borsten die Reaktion nicht über den ersten Bereich der Umsetzungskurve hinauskam.

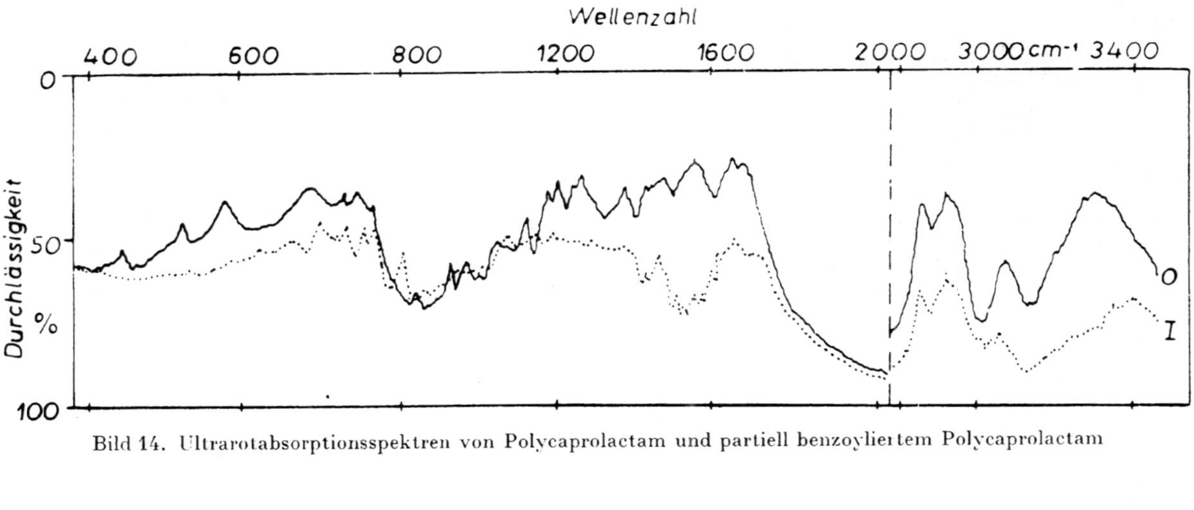

Bild 14. Ultrarotabsorptionsspektren von Polycaprolactam und partiell benzoyliertem Polycaprolactam

Am Beginn des zweiten Bereiches der Benzoylierungskurven von Seidenfäden ist stets eine starke Quellung festzustellen. Es wurden in Abhängigkeit von Temperatur und Konzentration Schrumpfungswerte um 60% erreicht, daraus kann auf Kettenfaltung durch die Aufspaltung von Wasserstoffbrücken und auf eine sperrende Wirkung des Substituenten geschlossen werden. Die Querquellung beträgt 80%. Der Schrumpfung folgt ein steiler Anstieg der Gewichtszunahme bis zu etwa 64%. Dies entspricht einem DS-Wert von 0,7 und bedeutet durchgehende Benzoylierung des Faserquerschnittes einschließlich der kristallinen Bereiche. Die Reaktion folgt dabei einer Geschwindigkeitsgleichung der ersten Ordnung, ihre Aktivierungsenergie wurde zu 17,2 kcal/mol berechnet. Die Ausgangsstruktur des Fasermaterials übt in diesem Bereich nur einen geringfügigen Einfluß aus. Mit steigender Verstreckung ist lediglich ein bestimmter DS-Wert an höhere Schrumpfungswerte gebunden, und Fixiereinflüsse vermindern die Schrumpfung.

Im dritten Bereich der Umsetzungskurve steigt die Schrumpfung nicht weiter an, und die Gewichtszunahme kommt fast zum Stillstand. Dabei wurden Endwerte von 75% Gewichtszunahme entsprechend einem DS-Wert von 0,8 erreicht. Es stellt sich eine Art Gleichgewichtszustand ein, der gleichzeitig als Induktionsperiode für den letzten Teil der Umsetzungskurve aufgefaßt werden kann. Er wurde bei hoher Reaktionsgeschwindigkeit nicht beobachtet.

Die weitere Benzoylierung erfolgt im vierten Bereich unter gleichzeitiger Auflösung des Fasermaterials. Dabei verändert sich der Umsetzungsgrad des Rückstandes nicht, das Gewicht wird verringert. Gelöste Anteile wurden aus dem Reaktionsgemisch als Paste isoliert und der DS-Wert analytisch zu 1,0 bestimmt.

Zum Nachweis der chemischen Umsetzung wurden an partiell benzoylierten DEDERON-Seidenfäden und an dem unter gleichen Bedingungen hergestellten N-Benzoylcaprolactam analytische und ultrarotspektroskopische Untersuchungen ausgeführt. Die Elementarzusammensetzung bestätigte den aus der gravimetrischen Bestimmung errechneten DS-Wert und damit auch die Reaktionsgleichung. Aus der Veränderung der Ultrarot-Absorptionsbanden der Peptidgruppe in Abhängigkeit vom DS-Wert konnte auf die Umsetzung eines entsprechenden Anteiles des sekundären Amids in das tertiäre Amid geschlossen werden.

Über die mit der Benzoylierung verbundene Veränderung der Eigenschaften von DEDERON-Seidenfäden wird an anderer Stelle berichtet [34].

Literatur

[1] *Schlack, P.*, Melliand Textilber. **43** (1962) 6, S. 543 bis 548; 7, S. 681—684; 8, S. 802—807.

[2] *Scroggie, A. G.*, Rev. Textile Progress **10** (1959) S. 67 bis 87.

[3] *Hill, R.*, Fasern aus synthetischen Polymeren. Stuttgart: Berliner Union 1956.

[4] *Scott, D. F.*, und *Vickerstaff, J.*, J. Soc. Dyers Colourists **76** (1960) 2, S. 104—114.

[5] *Cairns, Th. L.*, u. a., J. amer. chem. Soc. **71** (1949) S. 651; S. 655.

[6] *Meyer, H. R.*, Über die Umsetzungsprodukte von Caprolactam und Polycaprolactam mit Formaldehyd und Phosgen. Diss. ETH-Zürich 1956.

[7] *Bruck, St. D.*, J. Res. Bur. Standards A **65** (1961) S. 489—493; A **66** (1962) S. 77—81.

[8] *Haas, H. C.*, u. a., J. Polymer Sci **15** (1955) S. 427 bis 446.

[9] *Porter, M. R.*, J. Polymer Sci **33** (1958) S. 447—455.

[10] *Rafikov, S. R.*, u. a., Vysokomol. Soed. (Hochmol. Verbind.) **1** (1959) 3, S. 378—386.

[11] *Koršak, V. V.*, und *Mozgova, K. K.*, Izv. Akad. Nauk SSSR, Otd. chim. Nauk (Nachr. Akad. Wiss. UdSSR, Abt. chem. Wiss.) (1958) S. 651.

[12] *Koršak, V. V.*, u. a., Dokl. Akad. Nauk SSSR (Ber. Akad. Wiss. UdSSR) **122** (1958) S. 609.

[13] *Koršak, V. V.*, u. a., Vysokomol. Soed. (Hochmol. Verbind.) **1** (1959) S. 1364.

[14] *Koršak, V. V.*, *Mozgova, K. K.*, und *Skolina, M. A.*, Vysokomol. Soed. (Hochmol. Verbind.) **1** (1959), S. 1573—1579; 1604—1609.

[15] *Sykes, J. A. W.*, und *Thomas, J. K.*, J. Polymer Sci **55** (1961) 162, S. 721—729.

[16] *Houben-Weyl*, Methoden der organischen Chemie Bd. XI/2. Stuttgart: Georg Thieme 1958.

[17] *Reinisch, G.*, Faserforsch. u. Textiltechn. **13** (1962) 12, S. 549—556.

[18] *Hashimoto, T.*, J. Soc. Text. Cell. Ind., Japan **14** (1958) 7, S. 484—487.

[19] *Wegmann, J.*, Textil-Rdsch., St. Gallen **13** (1958) 6, S. 323—325.

[20] *Schwemmer, M.*, Textil-Rdsch., St. Gallen **11** (1956) 1, S. 1—15.

[21] *Forward, M. V.*, und *Palmer, H. J.*, J. Textile Inst. **45** (1954) 7, S. T 510—T 568.

[22] *Kunzmann, G.*, Faserforsch. u. Textiltechn. **12** (1961) S. 61—66

[23] *Pakšver, A.*, und *Mankaš, Je.*, Kolloid. Ž., Moskva **14** (1952) S. 112—117.

[24] *Bolland, F.*, DWP 11746 vom 26. 1. 1954; Faserforsch. u. Textiltechn. **9** (1958) 10, S. 405—416.

[25] *Zahn, H.*, und *Rathgeber, P.*, Melliand Textilber. **34** (1953) 8, S. 749.

[26] *Böhringer, H.*, Dt. Textiltechn. **7** (1957) 1/2, S. 23—30, 148.

[27] *Juilfs, J.*, Melliand Textilber. **40** (1959) S. 963—966; S. 1136—1138.

[28] *Schwertassek, K.*, Faserforsch. u. Textiltechn. **10** (1959) S. 472—475.

[29] *Jänsch, M.*, Mitt. Inst. Textiltechnol. Chemiefasern **5** (1961) 1, S. 8—14.

[30] *Hall, H. K.*, u. a., J. amer. chem. Soc. **80** (1958) S. 6420 bis 6427.

[31] *Kuhn, R.*, und *Roth, H.*, Ber. dt. chem. Ges. **66** (1943) S. 1274—1278.

[32] *Schneider, B.*, *Schmidt, P.*, und *Wichterle, O.*, Coll. czechoslov. chem. Commun. **27** (1962) 8, S. 1749—1759.

[33] *Bellamy, L. J.*, Ultrarot-Spektrum und chemische Konstitution. Darmstadt: Steinkopf 1955.

[34] *von Hornuff, G.*, und *Jänsch, M.*, Melliand Textilber., z. Z. im Druck.

Eingegangen am 17. April 1964

Faserforschung und Textiltechnik 15 (1964) Heft 8

Zur Quellungsfixierung von Polyester-Faserstoffen

Ernst Wünsch und Erhart Schuller

88. Mitteilung aus dem Institut für Textiltechnologie der Chemiefasern Rudolstadt-Schwarza

DK 677.494.674'524'420:677.861.523
539.388.8:66.062

Eine Anzahl organischer Lösungsmittel wurde auf ihre Quellwirkung gegenüber PÄT-Faserstoffen untersucht. Mit den geeignetsten wurden Quellungsbehandlungen an Polyester-Seiden und -Fasern durchgeführt und die sich daraus ergebenden Eigenschaftsänderungen des Faserstoffes überprüft. Aus den Ergebnissen werden einige Anwendungsmöglichkeiten derartiger Quellungsbehandlungen abgeleitet.

О фиксации полиэфирных волокон методом набухания

Исследовалось набухание полиэфирных волокон в некоторых органических растворителях. Наиболее подходящие из них применялись для обработки полиэфирного шелка и штапельного волокна, после чего проводилось измерение изменения свойств волокнистых материалов. На основании полученных данных делаются выводы о возможности применения подобных обработок.

Setting of Polyester Fibres by Swelling

The swelling action of various organic solvents on polyethylenterephthalate fibres has been investigated. The most suitable solvants have been used for swelling treatments of polyester multifilament yarns and fibres and the changes in fibres properties are proved. From the results, some possible applications of swelling treatments are indicated.

1 Einleitung

Ziel der Fixierung von Faserstoffen ist es, die bei der Herstellung entstandenen Verspannungen der übermolekularen Struktur zu lösen und dadurch zu einem Optimum der textilen Eigenschaften der Faser zu gelangen. Dies geschieht, indem durch Energiezufuhr vorübergehend die Querbindungskräfte zwischen den Kettenmolekülen geschwächt bzw. aufgehoben werden, wodurch es diesen möglich ist, sich in der energetisch günstigsten Form neu zu ordnen. Wenn zur Fixierung Quellmittel angewandt werden, kann man dieselben Effekte durch einen weit geringeren Aufwand an Energie erreichen. Dies kann bei starken Quellmitteln so weit gehen, daß man bei Zimmertemperatur zu den gleichen Ergebnissen kommt wie bei der Einwirkung von Trockenhitze hoher Temperatur.

Temperung oder Quellung führen zu einem Strukturzustand, der sich gegenüber dem vorangegangenen durch die größere seitliche Ordnung auszeichnet. Die Veränderung der Feinstruktur von Polyäthylenterephthalat (PÄT) durch die Quellung in anorganischen und organischen Flüssigkeiten wurde schon verschiedentlich untersucht. *Kolb* und *Izard* [1] fanden, daß einige davon die Kristallisationstemperatur von unverstrecktem PÄT weit herabsetzen. *Moore* und *Sheldon* [2] überprüften eine ganze Reihe organischer Lösungsmittel, sie bestimmten den Quellungsgrad und mittels Dichtemessungen die Zunahme der Kristallinität amorpher PÄT-Filme.

Auch über die Auswirkung solcher Quellungen auf das Längenänderungsverhalten von verstreckten und unverstreckten PÄT-Fasern liegen Arbeiten von *Pfeifer* [3] und *Roth* und *Schroth* [4] vor. Darin wird übereinstimmend die Quellwirkung der überprüften Stoffe bei Raumtemperatur als gering bezeichnet. Auch in der Patentschrift DBP 1063573 K. 8k 2[5], in der zur Fixierung von PÄT-Faserstoffen die Behandlung in organischen Lösungsmitteln vorgeschlagen wird, ist die Arbeitstemperatur mit 40 bis 80 °C angegeben. Demgegenüber wurde gefunden, daß einige Alkylhalogenide bei ihrer Einwirkung auf PÄT-Faserstoffe auch bei niedrigen Temperaturen große irreversible Längen- und Dickenänderungen bewirken. Dies und der zeitlich schnelle Verlauf des Quellungsvorganges waren Ausgangspunkt für Untersuchungen über die Anwendung der beobachteten Quellungsvorgänge für die Fixierung von Polyesterfaserstoffen. Ziel der Arbeit war es, die Quellungsbedingungen genauer zu untersuchen, die Eigenschaftsänderungen von PÄT-Faserstoffen durch derartige Quellungsbehandlungen zu charakterisieren und die sich daraus ergebenden Anwendungsmöglichkeiten abzugrenzen.

Tabelle 1. Längenänderung von GRISUTEN*-Seide 12,5 tex in organischen Lösungsmitteln (Behandlungszeit: 10 min)*

Lösungsmittel	Kp [°C]	Längenänderung [%] bei 25 °C	Längenänderung [%] bei 80 °C
Cyclohexan	80,8	1,1	− 3,3
Trichloräthylen	87,2	− 0,3	− 14
Dimethylformamid	150	− 0,5	− 14
Dioxan	106	− 0,5	− 16
1,2-Dichloräthan	83,7	− 10	− 17
Trichlormethan	61,2	− 16	− 22
Dichlormethan	41,6	− 18	− 30

2 Überprüfung geeigneter Quellmittel

Zunächst wurde untersucht, welche Quellmittel im Hinblick auf eine praktische Anwendung in Frage kommen, und diese ihrer Quellfähigkeit nach geordnet. Als Maß dafür wurde, weil dies am einfachsten erschien, die Längenänderung von Polyesterseide (PES) in diesen Agenzien herangezogen. Auf die Anwendung von Quellmitteln, die sich nach der Quellung aus der Faser schlecht entfernen lassen oder deren Handhabung besonders unangenehm ist, wurde von vornherein bewußt verzichtet.

Als Versuchsmaterial diente Polyesterseide GRISUTEN der Feinheit 12,5 tex/36 unfixiert vom VEB Chemiefaserwerk Schwarza „Wilhelm Pieck“, Rudolstadt/Thür.

In Tabelle 1 sind einige organische Lösungsmittel nach ihrer Wirksamkeit auf die Längenänderung von GRISUTEN-Seide geordnet aufgeführt. Methylenchlorid erweist sich demnach unter den überprüften Stoffen als der quellfähigste; es wurde deshalb vorzugsweise für die Untersuchungen eingesetzt.

2.1 Untersuchung der Quellungsbedingungen

Ausschlaggebend für eine praktische Anwendung der beobachteten Quellungserscheinungen ist aber neben ihrem Ausmaß vor allen Dingen die Abhängigkeit ihres

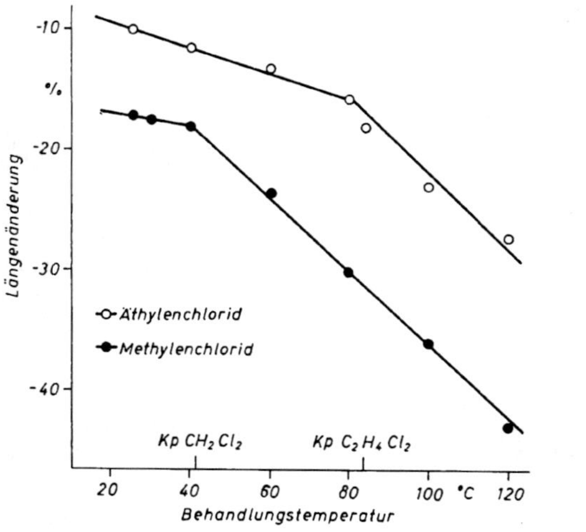

Bild 1. Längenänderung von GRISUTEN-Seide 12,5 tex in Äthylenchlorid und Methylenchlorid in Abhängigkeit von der Temperatur

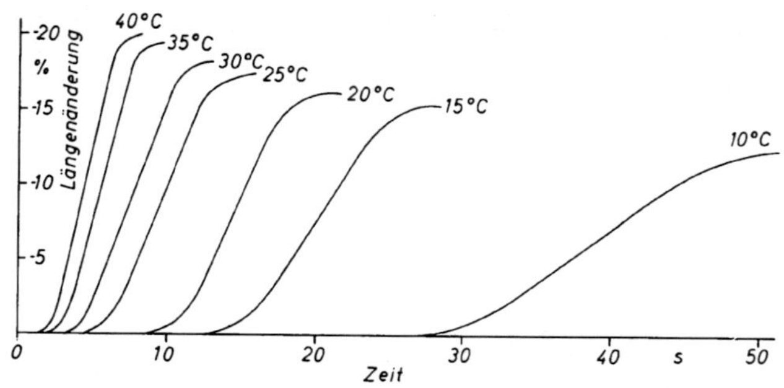

Bild 2. Zeitlicher Verlauf der Längenänderung von GRISUTEN-Seide 12,5 tex in Methylenchlorid bei verschiedenen Temperaturen

Verlaufes von Temperatur und Zeit. Der Einfluß der Temperatur auf das Ausmaß der Quellung wurde nur bei der Einwirkung von Äthylenchlorid und Methylenchlorid auf PES näher untersucht. Die Ergebnisse sind in dem in Bild 1 dargestellten Diagramm zusammengefaßt worden. Auffallend ist hierbei die stärkere Zunahme der Längenänderung bei Temperaturen über dem Siedepunkt des Lösungsmittels. Die Behandlung der Proben erfolgte in der flüssigen Phase des Systems.

Der zeitliche Verlauf der Längenänderung ist stark von der Temperatur abhängig (s. Bild 2). Im Verlauf der Kurven fällt besonders auf, daß die Inhibitionsperiode länger ist als die Zeit, in der sich die Längenänderung selbst vollzieht. Das Gleichgewicht der Quellung ist bei einer normalen Arbeitstemperatur von 25 °C schon nach einigen Sekunden erreicht, was für die praktische Anwendung des Verfahrens von größter Bedeutung ist.

Die Temperatur und der Logarithmus der Zeit, bis zu der die Quellung (Längenänderung) beendet ist,

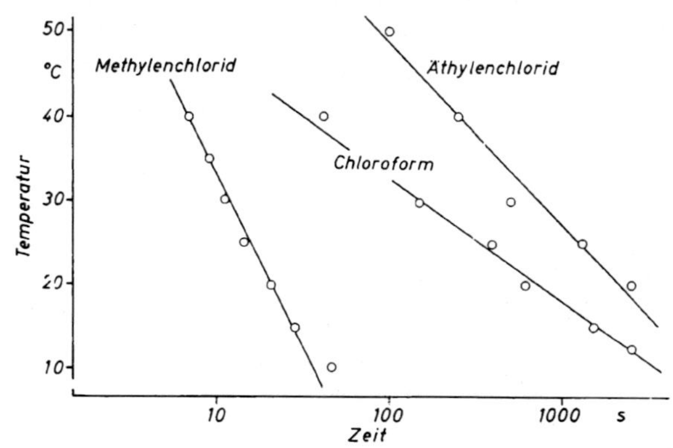

Bild 3. Zusammenhang zwischen Quellungszeit und -temperatur

scheinen bei den hier überprüften Lösungsmitteln in linearer Beziehung zu stehen (s. Bild 3).

Daß die Längenänderung auch von der Konzentration des Quellungsmittels abhängt, zeigt Bild 4. GRISUTEN-Seide wurde bei 25 °C mit Mischungen von Methylenchlorid-Methanol verschiedener Zusammensetzung behandelt. Die Zeitdauer, die bis zur Einstellung des Endwertes der Längenänderung nötig war, ist jeweils unter der Konzentration mit angegeben. Eine Quellung konnte erst bei CH_2Cl_2-Konzentration über 20% beob-

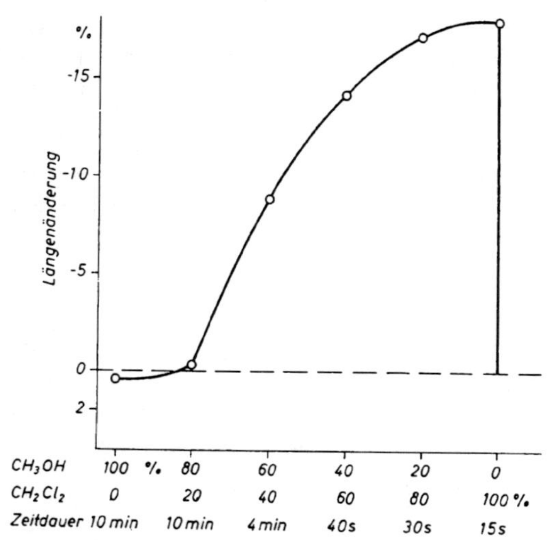

Bild 4. Einfluß der Quellmittelkonzentration auf die Längenänderung von GRISUTEN-Seide 12,5 tex

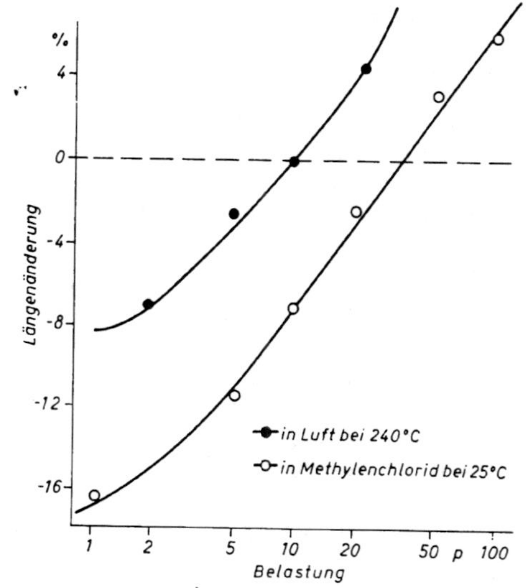

Bild 5. Längenänderung von GRISUTEN-Seide 12,5 tex in Methylenchlorid in Abhängigkeit von der Spannung

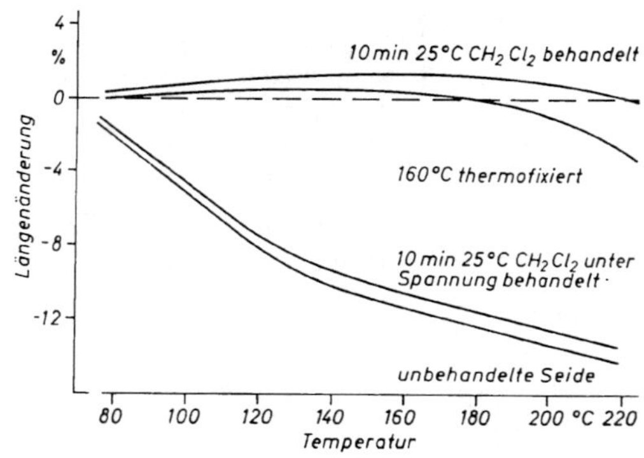

Bild 6. Längenänderung verschieden behandelter GRISUTEN-Seide in Abhängigkeit von der Temperatur

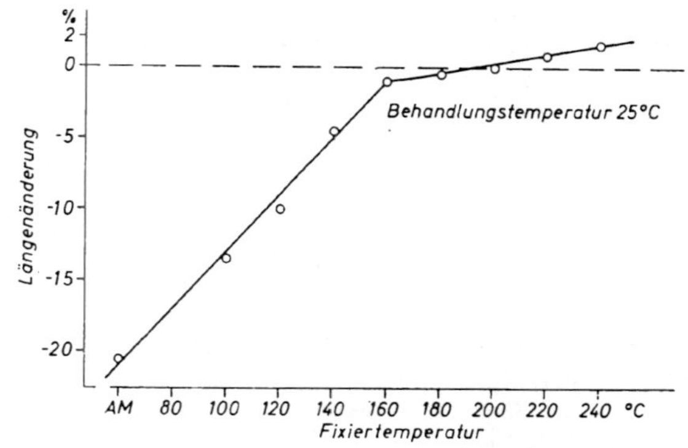

Bild 7. Längenänderung thermofixierter GRISUTEN-Seide in Methylenchlorid (Fixierzeit: 5 min)

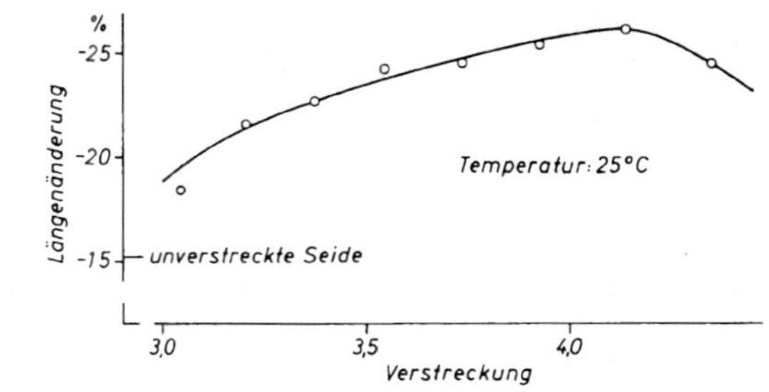

Bild 8. Einfluß der Verstreckung auf die Quellung in Methylenchlorid

achtet werden, über 80% ist der Anstieg nur noch schwach.

Der Umfang der Längenänderung ist stark von der angelegten Spannung abhängig. Aus den Kurvendiagrammen in Bild 5 läßt sich errechnen, daß die Schrumpfspannung von GRISUTEN-Seide in Methylenchlorid bei 25 °C etwa 4 kp/mm² beträgt und somit rund viermal größer ist als bei den höchsten Thermofixierungen.

Durch eine Quellung in Methylenchlorid schrumpfen Polyesterfaserstoffe fast völlig aus. Nachfolgende Temperatureinwirkungen ergeben praktisch keinen Restschrumpf mehr. Wie bei Thermo- oder Hydrothermofixierungen muß auch bei der Quellungsfixierung dem Faserstoff Gelegenheit gegeben werden, auszuschrumpfen. Fixierung unter Spannung ergibt nur sehr geringe Effekte bezüglich des Restschrumpfes (s. Bild 6).

Ausschlaggebend für die sich bei der Quellungsfixierung einstellende Längenänderung ist aber vor allen Dingen der Strukturzustand der Faser. So quellen PÄT-Faserstoffe, die über 160 °C thermofixiert wurden, nicht mehr in Methylenchlorid bei 25 °C (s. Bild 7).

Relativ gering ist der Einfluß der Verstreckung auf das Ausmaß der Längenänderung (s. Bild 8).

2.2 *Entfernbarkeit des Quellmittels*

Von Wichtigkeit bei einer eventuellen praktischen Anwendung der Quellungsfixierung ist auch die schnelle Entfernung des Quellmittels aus dem Faserstoff. Die Trocknung wird außer von den gegebenen technischen Bedingungen auch von der Aufmachungsform des Faserstoffes abhängig sein. Bei der Entfernung von Methylenchlorid aus 100 g Stapelfaserproben in einem Labortrockenschrank stellten sich die in Bild 9 dargestellten Verhältnisse ein. Während das Lösungsmittel in der ersten Trocknungsphase sehr schnell verdampft, werden letzte Spuren des Quellmittels von der Faser sehr hartnäckig zurückgehalten.

3 *Eigenschaftsänderungen von PÄT-Faserstoffen durch Einwirkung von Methylenchlorid*

3.1 *Strukturzustand*

Wie aus den Röntgen-Übersichtsaufnahmen (s. Bild 10) von GRISUTEN-Seide 12,5 tex, die mit Methylenchlorid behandelt wurde, zu ersehen ist, steigt der Kristallinitätsgrad, während die Orientierung mit zunehmenden Einwirkungsgrößen der Quellungsbehandlung zurückgeht.

Die Desorientierung spiegelt sich auch in den Werten der Doppelbrechung wider, die von $n = 0{,}19$ für die

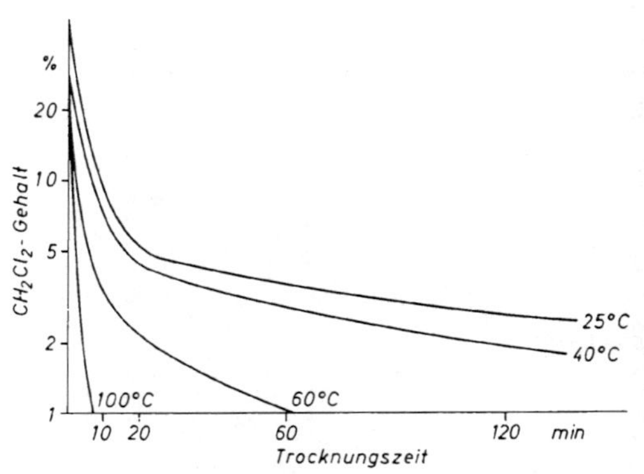

Bild 9. Trocknungsdauer mit Methylenchlorid behandelter GRISUTEN-Faser bei verschiedenen Temperaturen

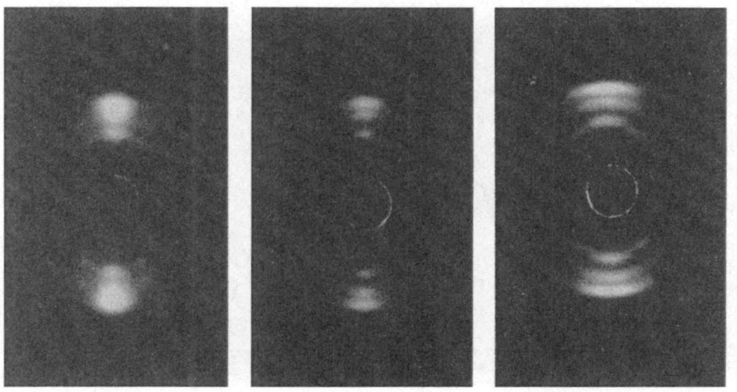

a b c

Bild 10. Röntgenübersichtsaufnahmen von GRISUTEN-Seide a unbehandelt, b Methylenchlorid 10 min — 40 °C, c Methylenchlorid 10 min — 80 °C

Tabelle 2. Chemische Werte von GRISUTEN*-Seide 12,5 tex unfixiert, die 10 min bei 25 °C mit Methylenchlorid behandelt wurde*

Prüfungen	Ausgangsmaterial	behandeltes Material
Wasserrückhaltevermögen [%]	2,40	4,20
Farbstoffaufnahme[1]) [mg Farbst./g Faser]	1,10	1,17
Jodsorption[2]) [mg J/g Faser]	100	124
Phenolaufnahme[3]) [%]	15,2	17,2
partielle Verseifungszahl[4]) [mg KOH/g Faser]	28	85
Kritische Lösezeit[5]) [s]	73	93

[1]) 500 mg Cellitonechtblau FFG/l — 3 h — 60 °C
[2]) 75 g J/l — 1 h — 100 °C
[3]) 4%ige Phenollösung — 4 h — 50 °C
[4]) 0,1 N methanol. KOH — 1 h — Siedetemperatur
[5]) Schwefelsäure : $\gamma = 1{,}86$ — 25 °C — Belastung 1 p

unbehandelte Seide auf $n = 0{,}15$ nach der Behandlung mit Methylenchlorid während 10 min bei 25 °C absank. Diese Strukturänderungen gleichen etwa denen, die sich durch Thermofixierungen bei sehr hohen Temperaturen ergeben.

Für eine Auflockerung der Faserstruktur durch die Quellung sprechen die Werte, die durch chemische Strukturuntersuchungsmethoden erhalten wurden (s. Tabelle 2). Neben dem Anstieg des Wasserrückhaltevermögens und der partiellen Verseifungszahl weist besonders der zeitliche Verlauf der Phenolaufnahme auf die größere Zugänglichkeit der behandelten Probe gegenüber dem Ausgangsmaterial hin (s. Bild 11).

3.2 *Textilphysikalische Werte*

Durch die Quellungsfixierung in Methylenchlorid wird die Festigkeit des Materials kaum beeinträchtigt. Die Dehnung steigt infolge des starken Schrumpfes beträchtlich an. In Tabelle 3 werden die Auswirkungen einer Quellungsfixierung und einer Thermofixierung

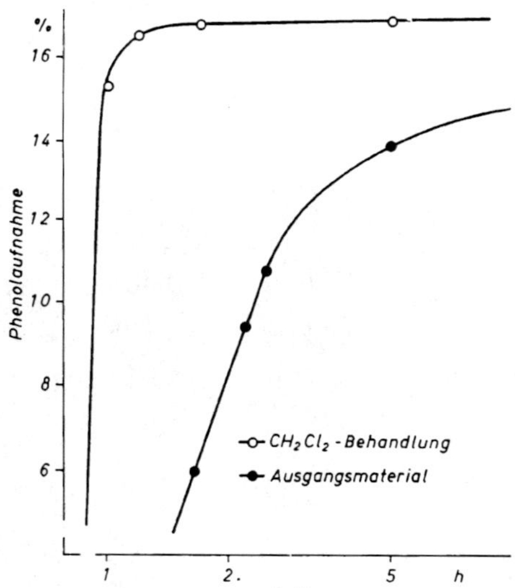

Bild 11. Zeitlicher Verlauf der Phenolaufnahme von unbehandelter und in Methylenchlorid gequollener GRISUTEN-Seide

Tabelle 3. Textilphysikalische Werte von GRISUTEN*-Seide und -Faser vor und nach der Quellung in Methylenchlorid (25 °C — 1 min) und der Thermofixierung bei 160 °C (3 min)*

	u. M.	CH_2Cl_2	160 °C	u. M.	CH_2Cl_2	160 °C
Nm	82,2	75,8	73,5	2560	1990	1990
tex	12,2	13,2	13,6	0,391	0,503	0,503
Reißkraft [p]	434	441	410	18,5	17,5	17,8
Reißdehnung [%]	22	32	32	26	59	56
Reißlänge [p/tex]	35,7	33,4	30,2	47,0	34,8	36,8
Reißspannung [kp/mm²]	58,8	59,6	53,8	80,0	74,3	77,5

von GRISUTEN-Seide und -faser auf die textilphysikalischen Werte dargestellt.

Der Einfluß derartiger Quellungsbehandlungen auf die Festigkeit hängt anscheinend stark vom Strukturzustand des Faserstoffes ab. Unverstreckte Seiden oder Fasern verlieren ihre Verstreckbarkeit infolge der sofort einsetzenden starken Kristallisation, bei schwach getemperten Fasern wird ein Festigkeitsverlust bis zu 20% beobachtet. Interessant ist auch die Veränderung des Kraft-Längungs-Diagrammes durch die Quellung. In Bild 12 sind die Kraft-Längungs-Diagramme quellungs- und thermofixierter GRISUTEN-Seide dem des unfixierten Materials gegenübergestellt. Während sich die K/L-Kurve des unfixierten Materials aus zwei Teilen zusammensetzt, können die der quellungsfixierten Proben in vier Abschnitte aufgeteilt werden: Der erste Bereich bis zu etwa 2% Dehnung mit hohem E-Modul, der zweite mit starker Dehnungszunahme, wobei die bei der Fixierung geschrumpften Fasern wieder leicht ausgezogen werden, ein steiler dritter Bereich, in dem eine starke Verzerrung der Kristallitstruktur erfolgt, dem sich dann das Abgleiten der Molekülketten im vierten Teil anschließt, der wieder durch starke Dehnungszunahme gekennzeichnet ist.

Dieser Verlauf entspricht auch dem, den thermofixierte Fasern aufweisen, nur ist dort die Steigung des zweiten Bereiches nicht so flach, und bei Fasern, die sehr hoch erhitzt wurden, gehen Teil 3 und 4 der K/L-Kurve ineinander über.

Während nach der Dehnung im ersten Bereich praktisch vollkommene Erholung eintritt, sind die Dehnungen im zweiten Bereich irreversibel. Das heißt also, daß ein Teil der Fixierung durch äußere Spannungen, die ~ 25% der Reißkraft übersteigen, wieder „heraus-

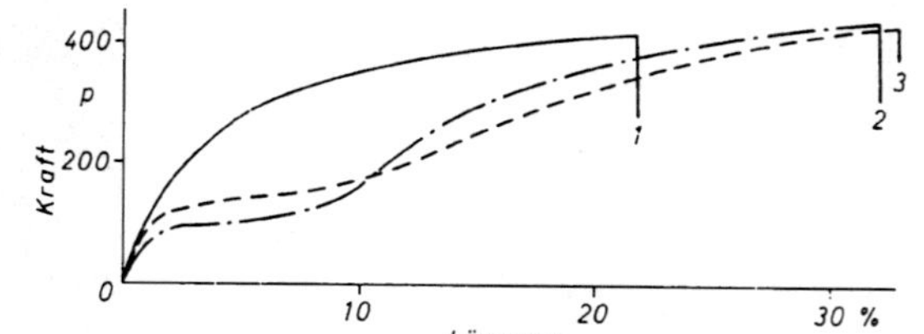

Bild 12. K/L-Diagramme verschieden behandelter GRISUTEN-Seide
1 — unfixiert 2 — in Methylenchlorid behandelt (1 min, 25 °C) 3 — bei 160 °C thermofixiert (5 min)

gezogen" werden kann. Gerade dies dürfte mit das schwierigste Problem bei der Fixierung von PÄT-Faserstoffen darstellen.

Ein weiteres wichtiges Kriterium für ein Fixierverfahren stellt dessen Einfluß auf die Anfärbbarkeit dar. Wie schon in Tabelle 2 gezeigt wurde, bleibt das Sorptionsvermögen erhalten bzw. steigt durch die Behandlung leicht an im Gegensatz zu einer Thermofixierung, bei der im Fixieroptimum das Farbstoffaufnahmevermögen der Faser fast auf die Hälfte zurückgeht.

Versuche, die Quellwirkung der genannten organischen Lösungsmittel gleichzeitig für eine Färbung der Faser auszunutzen, führten zu positiven Ergebnissen. Polyesterfasern, die bei 20 °C in eine Lösung eines in Methylenchlorid löslichen Farbstoffes getaucht wurden, waren nach weniger als 1 min vollkommen durchgefärbt. Die Echtheiten der Färbung lagen größtenteils über denen, die man nach den herkömmlichen Verfahren erzielt. Die Farbtiefe bzw. der Farbstoffgehalt der Faser ist der Farbstoffkonzentration direkt proportional. Auch Farbstoffe anderer Farbstoffklassen erbrachten die gleichen Ergebnisse, vorausgesetzt, daß sie im Quellmittel löslich sind. Dabei spielt es keine Rolle, ob die Färbung des Faserstoffes spannungslos oder unter Spannung erfolgt.

4 Zusammenfassung und Schlußfolgerungen

Eine Anzahl organischer Lösungsmittel wurde auf ihre quellende Wirkung für Polyesterfaserstoffe hin untersucht und als wirksamstes Methylenchlorid gefunden. Mit diesem wurden eingehende Quellungsbehandlungen durchgeführt und die sich dadurch ergebenden Eigenschaftsänderungen des Faserstoffes geprüft. Der Verlauf und der Endwert der Quellung sind abhängig:

1. vom Strukturzustand der Faser,
2. von der äußeren Spannung,
3. von der Temperatur und der Konzentration des Quellmittels.

Die durch die Quellung bewirkten Eigenschaftsänderungen der Faser gleichen weitgehend denen, die durch eine Thermo- oder Hydrothermofixierung unter sehr hohen Einwirkungsgrößen erzielt werden.

Die Festigkeit wird durch die Quellung in Methylenchlorid kaum beeinflußt; die Dehnung steigt wesentlich stärker an, als dies durch die vorangegangene Schrumpfung bedingt ist. Die Ergebnisse der Untersuchungen legen es nahe, einige Anwendungsmöglichkeiten der Quellungsbehandlung von PÄT-Faserstoffen herauszustellen.

1. Für die Fixierung von PÄT-Fasern ergeben sich bei der Anwendung eines solchen Verfahrens viele neue Gesichtspunkte. Der Fixierprozeß läßt sich infolge der kurzen Quellzeit kontinuierlich gestalten. Die Effekte können durch Variierung der Behandlungstemperatur und der Konzentration beliebig beeinflußt werden. Die Egalität der Fixierung ist nur in sehr geringem Maße verfahrensabhängig. Die Arbeitstemperatur braucht nicht über 20 °C zu liegen, wobei sich die relativ geringe Temperaturabhängigkeit der Quellung in diesem Bereich günstig auswirkt.

2. Die bei der Quellungsfixierung resultierenden hohen Längenänderungen, die je nach Einwirkungsgröße zwischen 15 und 50% betragen, könnten u. a. für Schrumpftechnologien genutzt werden.

3. Die Färbung von PÄT-Faserstoffen in einem Quellmittel, das gleichzeitig als Lösungsmittel für den Farbstoff dient, bringt gegenüber den herkömmlichen Verfahren einige Vorteile. Diese liegen insbesondere darin begründet, daß die Fasern schon bei Zimmertemperatur in sehr kurzer Zeit (< 1 min) vollkommen durchgefärbt werden. Dadurch können kontinuierliche Färbeverfahren angewandt werden, wobei der Faserstoff gleichzeitig fixiert wird. Zum anderen können Farbstoffklassen, mit denen Polyesterfaserstoffe bisher nicht gefärbt werden konnten, zum Einsatz kommen.

Die hier nur grob skizzierten Anwendungsmöglichkeiten dürften besonders bei der Faserherstellung, wo Fixierung und Färbung in einem Arbeitsgang vorgenommen werden können, von Interesse sein.

Literatur

[1] *Kolb, J.*, und *Izard, E. F.*, J. appl. Physics **20** (1949) S. 571.

[2] *Moore, W. R.*, und *Sheldon, R. P.*, Polymer, London **2** (1961) 3, S. 315—321.

[3] *Pfeifer, H.*, Dissertation TH Aachen 1960.

[4] *Roth, W.*, und *Schroth, W.*, Faserforsch. u. Textiltechn. **12** (1961) 8, S. 362—369.

[5] DBP 1063573, Kl. 8k2, ausgegeben am 4. 2. 1960.

Eingegangen am 17. April 1964

Redaktionelle Mitteilung

Die folgenden, ebenfalls für das vorliegende Heft bestimmten Beiträge konnten aus Platzmangel nicht aufgenommen werden und werden in späteren Heften erscheinen:

Otto Lochmüller

Elektrische Widerstandsmessungen an Chemiefaserstoffen

Helmut Grau

Über ein neues mechanisches Verfahren zur kollektiven Faserlängenmessung

Klaus-Peter Mieck und *Wolfgang Lauckner*

Ergebnisse der Untersuchungen von Ermüdungsursachen und Brucherscheinungen an Reifencorden

J. Schimmelschmidt

Messung der Längenänderung von Fäden nach einer Naßbehandlung

Zur Teilchengrößenbestimmung in Emulsionen von Schmälz- und Präparationsmitteln

Martin Heise

93. Mitteilung aus dem Institut für Textiltechnologie der Chemiefasern Rudolstadt-Schwarza

DK 677.041.4:541.182.42/.43.02:535.827.2

Die Teilchengrößenverteilung in Schmälz- und Präparationsmittelemulsionen ist für deren Beständigkeit und gegebenenfalls auch für deren Wirkung von Bedeutung. Es werden drei Methoden zur Teilchengrößenbestimmung in wäßrigen Emulsionssystemen angewendet und verglichen, durch Mikroaufnahmen, durch Auszählen mit dem Mikroskop und durch Auszählen mit dem Lanameter. An Hand der Ergebnisse dieser Untersuchungen wird die Auszählung mit dem Lanameter zur Prüfung und Charakterisierung der Schmälz- und Präparationsmittelemulsionen vorgeschlagen.

К определению размера частиц в эмульсиях замасливающих и авиважных средств

Распределение частиц замасливающих и авиважных средств по размеру в их эмульсиях имеет значение для устойчивости эмульсий, а в некоторых случаях и для их действия. Применялись три метода для определения размера частиц в водных эмульсиях, а именно микрофотографический метод, подсчет под микроскопом и подсчет при помощи ланаметра. На основании полученных результатов рекомендуется проводить испытание эмульсий замасливающих и авиважных средств при помощи подсчета ланаметром.

On the Particle Size Determination in Emulsions of Lubricating and Oiling Agents

The particle size distribution is an important factor affecting the stability and eventually the effectivness of lubricating and oiling agents. Three methods of particle size determination in aquous emulsions based on microphotographs, counting by means of the microscope or lanameter are used and compared. On the basis of the results obtained, the counting with the lanameter is proposed for examination and characterization of the emulsions of lubricating and oiling agents.

1 Einleitung

Die ständige Entwicklung neuer Faserstofftypen, die Anwendung verschiedenster Faserstoffmischungen und die Erschließung neuer Einsatzgebiete fordern immer mehr spezifizierte Eigenschaften von Schmälz- und Präparationsmitteln. Das Angebot derartiger Produkte ist ständig gestiegen und sehr umfangreich geworden. Die Weiterentwicklung von Methoden zur Prüfung und Beurteilung hat jedoch vielfach mit der Entwicklung neuer Produkte nicht Schritt halten können. So fehlt es vor allem in der betrieblichen Praxis oftmals an geeigneten Prüfmethoden.

Die Teilchengröße bzw. deren Verteilung und Veränderung in Emulsionen von Schmälz- und Präparationsmitteln sind einige der Eigenschaften, die allgemein nur indirekt in Form der Bestimmung der Emulsionsbeständigkeit über die Aufrahmung ermittelt werden. Sie können jedoch als Beurteilungsmaßstab für Hilfsmittelemulsionen angesehen werden. So kann sich die Teilchengrößenverteilung u. a. in der Verteilung der emulgierten Substanz auf der Faserstoffoberfläche und damit evtl. auch auf die Auswaschbarkeit auswirken.

Aus der Literatur [1] sind neben Trübungsmessungen und Zentrifugenverfahren allgemein mikroskopische Methoden zur Teilchengrößenbestimmung in Emulsionen bekannt. In der vorliegenden Arbeit wurde ein Vergleich zwischen drei Methoden zur Bestimmung der Emulsionsteilchengröße und der Größenverteilung in Schmälz- und Präparationsemulsionen angestellt. Die Untersuchungen wurden an Emulsionen unterschiedlicher Beständigkeit durchgeführt. Zur Prüfung wurden dabei weitverbreitete Geräte verwendet. Die Untersuchungen wurden an 10%igen Emulsionen fünf verschiedener, mit *A* bis *E* bezeichneter Textilhilfsmittel durchgeführt. Als zusätzliche Vergleichsbasis wurde die Prüfung der Emulsionsbeständigkeit über die Aufrahmung herangezogen.

2 Bestimmung der Emulsionsbeständigkeit über die Aufrahmung

Die Beurteilung der Emulsionsbeständigkeit erfolgte durch Einfüllen der Emulsionen in Standzylinder und Messung der abgesetzten Ölschicht in mm unmittelbar nach dem Einfüllen, nach 24, 72 und 120 h. Diese Methode erfaßt nur relativ grobe Unterschiede und läßt keine direkten Schlüsse auf die Teilchengrößenverteilung zu. Eine nach den Ergebnissen dieser Prüfung erfolgte Einstufung der Emulsionen nach abnehmender Beständigkeit ergab folgende Rangordnung:

1. Emulsion D,
2. Emulsion A,
3. Emulsion E,
4. Emulsion C,
5. Emulsion B.

Die Unterschiede zwischen den Emulsionen C und E sind nur äußerst geringfügig, die Emulsion B zeigt die mit großem Abstand ungünstigste Beständigkeit, indem die Aufrahmung sofort nach der Herstellung einsetzt. Die Beurteilung der Emulsionen wird dadurch beeinträchtigt, daß besonders bei geringer Aufrahmung die Schichtgrenzen nicht scharf genug getrennt sind und somit die Messung oftmals schwierig wird.

3 Bestimmung der Teilchengröße über Mikroaufnahmen

Aus der Literatur über Methoden zur Teilchengrößenbestimmung [1] in verschiedenen Größenbereichen ist bekannt, daß Teilchen bis zu einem Durchmesser um 10 μm mikroskopisch gut wahrnehmbar und meßbar sind. Eigene Untersuchungen an verschiedenen Präparationsemulsionen über Mikroaufnahmen hatten ebenfalls einen guten Überblick über die Teilchengröße und deren Verteilung vermittelt. Zur Herstellung der Mikroaufnahmen wurde das Mikrophot D 16 B des VEB Rathenower Optische Werke verwendet.

Die Herstellung von Mikroaufnahmen der fünf zu untersuchenden Emulsionen bereitete teilweise Schwierigkeiten, da allgemein sehr kleine Teilchen vorlagen. Bei der Einstellung des Mikroskops werden nicht alle sichtbaren Teilchen scharf abgebildet. Diese teilweise

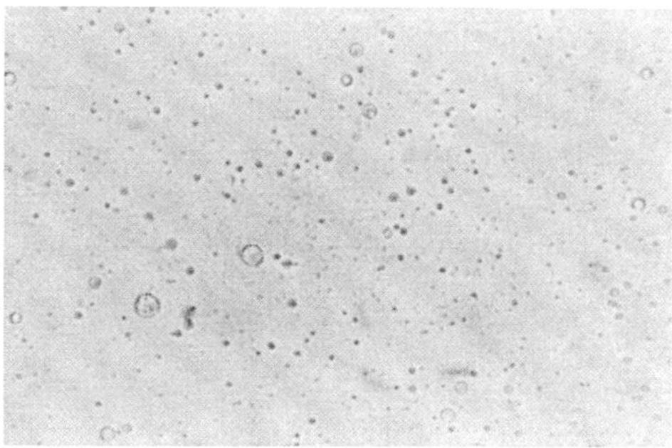

Emulsion A

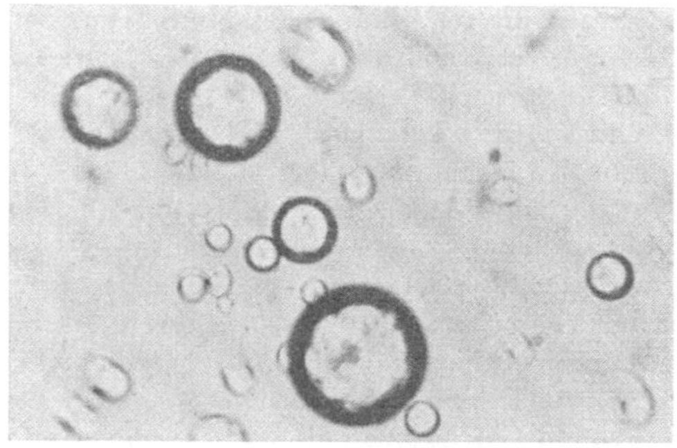

Emulsion B

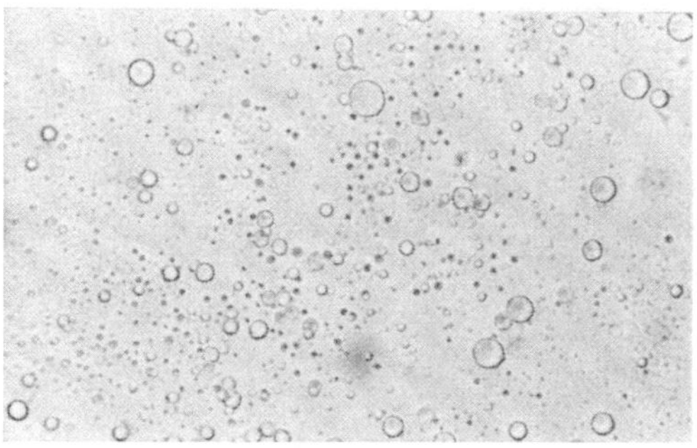

Emulsion C

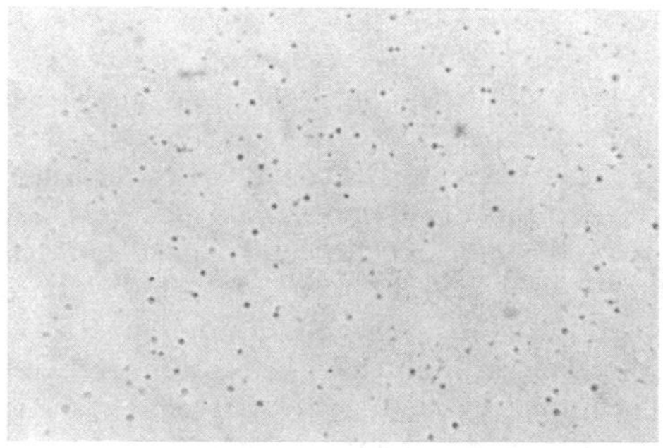

Emulsion D

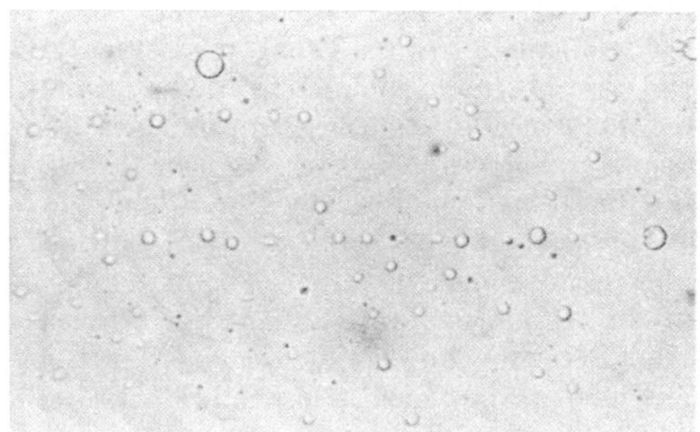

Emulsion E

Bild 1. Mikroaufnahmen der Emulsionen A bis E (Vergrößerung 500:1)

Unschärfe ergibt sich wahrscheinlich aus der Lage der Teilchen in verschiedenen Ebenen des Präparats und erschwert das Ausmessen. Sehr dünne Emulsionsschichten auf dem Objektträger führen jedoch zur Verformung besonders großer Emulsionsteilchen und somit ebenfalls zur Beeinträchtigung einer einwandfreien Messung. Auch die bei kleinen Emulsionsteilchen bereits merkliche *Brown*sche Bewegung führt oftmals zum Verschwimmen der Konturen. Bei 600facher Vergrößerung wurden derartige Erscheinungen sehr häufig beobachtet und Bilder erhalten, die keine einwandfreie Größenbestimmung gestatteten.

Bild 1 stellt Aufnahmen der fünf Emulsionen dar, die bei 250facher Vergrößerung aufgenommen und auf 500fach nachvergrößert wurden. Die geringere Aufnahmevergrößerung bringt den Vorteil einer Verbesserung der Bildschärfe, bedingt jedoch, daß nur noch Teilchen mit einem Durchmesser von 4 bis 5 μm mit Sicherheit auszumessen sind. Da die Mikroaufnahmen nur sehr kleine Bereiche des Emulsionspräparates erfassen und vielfach Inhomogenitäten hinsichtlich der Größenverteilung auf dem Objektträger beobachtet werden, ist es zur Erlangung eines Überblicks über die Größenverteilung unbedingt erforderlich, Aufnahmen von mehreren Stellen des Präparates herzustellen. Das gilt ganz besonders dann, wenn Teilchen vorhanden sind, die einen wesentlichen Teil der aufgenommenen Fläche bedecken.

Eine an Hand der Mikroaufnahmen der fünf Emulsionen erfolgte Einstufung nach zunehmender Teilchengröße ergab weitgehende Übereinstimmung mit der über die Aufrahmung ermittelten Rangfolge.

Neben den geschilderten Nachteilen, besonders der Herstellung einwandfreier Emulsionsbilder, besitzt die Methode der Teilchengrößenbestimmung über Mikroaufnahmen den Vorteil einer sehr guten Anschaulichkeit.

4 Bestimmung der Teilchengröße und der Größenverteilung durch Auszählen mit dem Mikroskop

Das Auszählen und Messen von Emulsionsteilchen mit dem Mikroskop bereitet keine besonderen Schwierigkeiten, solange eine bestimmte Mindestgröße nicht unterschritten wird. Bei 600facher Vergrößerung ist diese Mindestgrenze der exakt erfaßbaren Teilchen mit ca. 4 bis 5 μm anzusetzen. Kleinere Teilchen sind zwar noch als Einzelteilchen erkennbar, lassen sich jedoch zahlenmäßig wie größenmäßig nicht mehr mit genügender Sicherheit erfassen, da sie infolge der *Brown*schen Bewegung häufig verschwommen erscheinen bzw. sich überlagern. Eine stärkere Vergrößerung ist wegen der sonst zu geringen Beobachtungsfläche in der Objektebene nicht zu empfehlen.

Um vergleichbare Zahlenwerte für die Teilchengrößenverteilung der verschiedenen Emulsionen zu erhalten, wurden die im Bildfeld des Mikroskops befindlichen Teilchen ausgezählt und entsprechend ihrer Größe in bestimmte Bereiche eingeordnet. Die Größenskala wurde zu diesem Zweck in die Bereiche von 5 bis 10 μm, 10 bis 15 μm, 15 bis 25 μm, 25 bis 40 μm, 40 bis 100 μm und über 100 μm Durchmesser eingeteilt. Die Verteilung der Teilchengröße über mehrere dieser Bereiche ließ es zweckmäßig erscheinen, die Messungen bei verschiedenen Vergrößerungen durchzuführen. Bei 600-facher Vergrößerung besitzt die beobachtete Fläche des Präparats einen Durchmesser von 250 μm und wird bereits von einem Teilchen von 100 μm Durchmesser zum großen Teil bedeckt. Damit wird eine Aussage über die Größenverteilung problematisch. Bei 150facher Vergrößerung hingegen beträgt der Durchmesser der beobachteten Fläche 1000 μm, doch sind bei dieser Vergrößerung nur Teilchen > 15 μm mit ausreichender Genauigkeit erfaßbar. Zur Erlangung eines weitgehenden Überblicks über die Größenverteilung wurden daher die Messungen der Teilchen bis zu 40 μm Durchmesser bei 600facher und die der Teilchen über 40 μm bei 150facher Vergrößerung durchgeführt. Die auf diese Weise ermittelten Teilchenzahlen in den einzelnen Bereichen beziehen sich also auf verschieden große Präparatflächen und wurden daher auf eine einheitliche Fläche von 1000 μm Durchmesser umgerechnet.

Die Zahl der in den verschiedenen Bereichen gemessenen Teilchen unterliegt einer starken Beeinflussung durch die Form der untersuchten Probe. So ist es äußerst schwierig, annähernd gleichmäßig dicke Emulsionsschichten auf den Objektträgern zu erreichen. Schwankungen in der Schichtdicke ergeben sehr unterschiedliche Teilchenzahlen in gleichen Emulsionen. Wie an kolloiden Lösungen beobachtet wurde [2], schwankt die Teilchenzahl in einem Volumenelement auch durch Teilchenverschiebungen auf Grund der *Brown*schen Bewegung. Derartige Bewegungen wurden auch an den kleinen Teilchen der hier untersuchten Emulsionen beobachtet. Es ist zu erwarten, daß die *Brown*sche Bewegung unterschiedlich auf verschieden große Teilchen wirkt und somit auch einen Einfluß auf die Meßergebnisse ausüben kann.

Für eine hinreichend gesicherte Aussage über die Teilchengröße und deren Verteilung erscheint es nach den obigen Ausführungen erforderlich, die Teilchen mehrfach an verschiedenen Stellen des Präparats zu messen und zu zählen und den prozentualen Anteil der Teilchen in den einzelnen Bereichen an der Gesamtteilchenzahl anzugeben.

Zur Erlangung eines Überblicks über die Größenverteilung der Teilchen in den fünf untersuchten Emulsionen und zur Prüfung der Reproduzierbarkeit des Meßverfahrens wurden jeweils 100 Messungen durchgeführt. Zur Ausschaltung etwaiger Einflüsse der vorgelegten Probe wurden je ein Tropfen der frisch bereiteten Emulsion auf 10 Objektträger gebracht und an jeder dieser Proben Messungen an 10 verschiedenen Stellen durchgeführt. Daraus ergaben sich für die verschiedenen Größenbereiche die in Bild 2 graphisch dargestellten prozentualen Anteile an der Gesamtteilchenzahl. Die Endpunkte der Kurven ergeben sich aus direkten Messungen der größten der beobachteten Teilchen. Die Kurvenpunkte stellen Mittelwerte aus

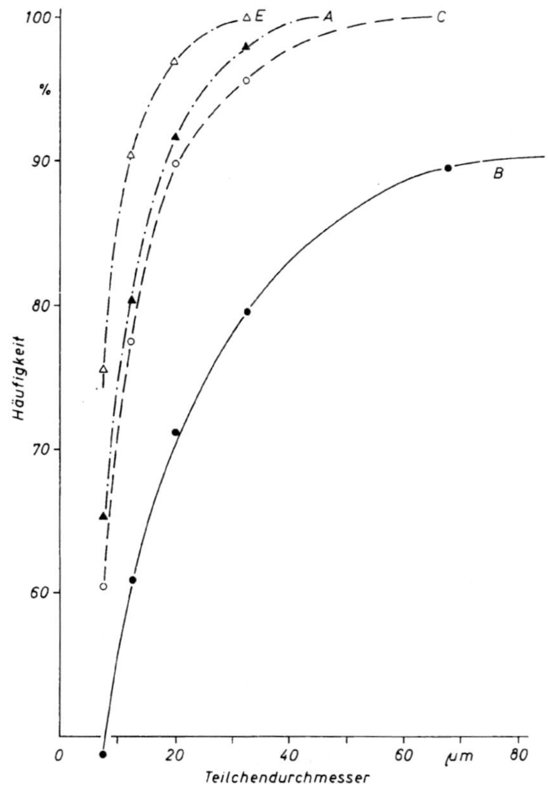

Bild 2. Verteilung der Teilchengröße, nach Auszählung der Teilchen ab 5 μm Durchmesser im Mikroskop

100 Einzelmessungen dar und wurden in der Mitte zwischen oberer und unterer Grenze des jeweiligen Meßbereichs aufgetragen. Die Teilchen der Emulsion D lagen sämtlich unter einer Größe von 5 μm Durchmesser und somit unterhalb der Meßgrenze. Aus diesem Grunde fehlt in Bild 2 die Verteilungskurve für diese Emulsion. Der Kurvenverlauf der restlichen Emulsionen entspricht etwa den Ergebnissen der Aufrahmungsprüfung und der Mikroaufnahmen. Abweichungen zeigt lediglich die Verteilungskurve der Emulsion A, die in ihrem Verlauf nahezu identisch mit der der Emulsion C ist, während nach der Aufrahmungsprüfung ein steilerer und nach den Mikroaufnahmen ein ähnlicher Anstieg wie für die Emulsion E zu erwarten wäre.

Die mikroskopische Bestimmung der Zahl und der Größe der Teilchen stellt nach den Ergebnissen der durchgeführten Untersuchungen ein brauchbares Verfahren zur Beurteilung des Emulsionszustandes dar, wobei die untere Meßgrenze bei einem Durchmesser der Teilchen von ca. 5 μm liegt. Durch stärkere Vergrößerung läßt sich diese Grenze zwar weiter nach unten verschieben, doch ist dies im Interesse eines Überblicks über die Größenverteilung besonders dann nicht zu empfehlen, wenn neben sehr kleinen Teilchen auch wesentliche größere vorhanden sind und gemessen werden sollen. Mit stärkerer Vergrößerung wirkt sich die *Brown*sche Bewegung durch unscharfe Abbildungen ungünstig auf die Messung aus. Durch die Umrechnung der bei 600facher Vergrößerung ermittelten Meßwerte auf die Bezugsfläche von 1000 μm Durchmesser — entsprechend 150-facher Vergrößerung — werden die bei der Einstufung der Teilchen und beim Auszählen entstandenen Fehler

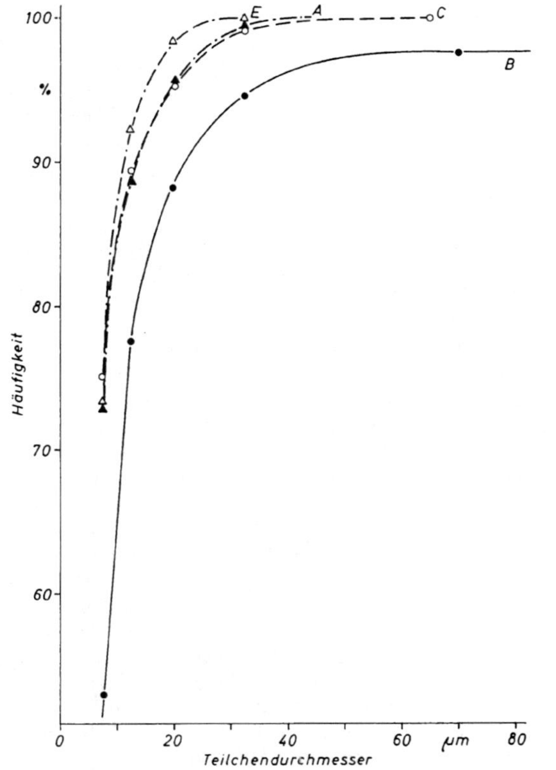

Bild 3. Verteilung der Teilchengröße, nach Auszählung der Teilchen ab 1 μm Durchmesser im Lanameter

stark vergrößert. Zur Ermittlung der Teilchengrößenverteilung nach dieser Methode sind 30 bis 40 Einzelmessungen notwendig.

5 Bestimmung der Teilchengrößen und der Größenverteilung durch Auszählen mit dem Lanameter

Zum Messen und Zählen der Teilchen bei 1000facher Vergrößerung wurde ein Lanameter des VEB Carl Zeiss Jena verwendet. Die gegenüber dem Mikroskop vergrößerte Bildebene ermöglicht bei 1000facher Vergrößerung etwa die gleiche Objektfläche wie bei 600facher Vergrößerung im Mikroskop zu erfassen. Die Abbildungen der Teilchen auf der Mattscheibe des Lanameters sind allgemein schärfer als im Mikroskop, so daß ein genaueres Ausmessen und Zählen möglich ist. Ein weiterer Vorteil des Lanameters besteht darin, daß Teilchen bis zu einer unteren Grenze von 1 μm mit genügender Sicherheit erfaßt werden können. Die für die mikroskopischen Messungen benutzte Skala der Größenbereiche konnte daher um den Bereich von 1 bis 5 μm erweitert werden.

Die Messungen wurden an denselben Proben durchgeführt, die für die mikroskopischen Untersuchungen verwendet wurden. Die Anzahl der Einzelmessungen betrug ebenfalls 100. Die Verteilung der Teilchengröße nach den Ergebnissen der Lanametermessung ist in Bild 3 dargestellt. Gegenüber der mikroskopischen Bestimmung ergibt sich eine Verschiebung der Verteilungskurven. Die Emulsion D enthält auch im Größenbereich von 1 bis 5 μm keine Teilchen. Die Verteilungskurve der Emulsion A zeigt einen hohen Anteil an Teilchen im Bereich von 1 bis 5 μm an. Im Gegensatz zur mikroskopischen Messung bedingt dieser hohe Anteil sehr kleiner Teilchen Übereinstimmung mit der über die Aufrahmung ermittelten Rangfolge der Emulsionen in der Beständigkeit. Die übrigen Verteilungskurven unterscheiden sich nicht wesentlich von den mikroskopisch ermittelten.

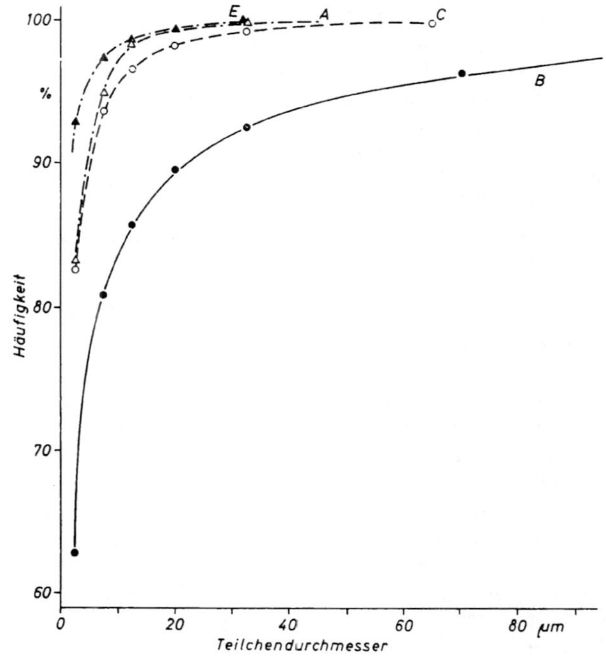

Bild 4. Verteilung der Teilchengröße, nach Auszählung der Teilchen ab 5 μm Durchmesser im Lanameter

Ein direkter Vergleich der über Mikroskop und Lanameter bestimmten prozentualen Anteile in den einzelnen Größenbereichen ist nicht möglich, da deren Berechnung jeweils andere Gesamtteilchenzahlen infolge unterschiedlicher Meßbereiche zugrunde liegen. Ein Vergleich kann angestellt werden, wenn man nur die im Lanameter gemessenen Teilchen ab 5 μm gleich 100% setzt und daraus die prozentualen Anteile der Einzelbereiche errechnet. Das Ergebnis dieser Berechnung ist im Bild 4 dargestellt. Durch Veränderung des Gesamtmeßbereiches ergibt sich wiederum eine Verschiebung der Verteilungskurven. Das Kurvenbild ist eher mit dem mikroskopisch ermittelten vergleichbar als mit dem, das sich aus den gleichen Meßwerten unter Einbeziehung des Meßbereichs von 1 bis 5 μm ergibt. Diese Feststellung führt zu der Erkenntnis, daß der unterschiedliche Verlauf der Verteilungskurve der Emulsion A in Bild 3 und 4 nicht auf methodische Einflüsse, sondern auf einen ausschlaggebenden Anteil von Teilchen im Bereich von 1 bis 5 μm Durchmesser zurückzuführen ist. Die Lanametermessung gestattet also auf Grund des größeren Gesamtmeßbereiches eine präzisere Charakterisierung des Emulsionszustandes. Allgemein scheint nach dieser Methode eine bessere Differenzierung geringer Unterschiede in der Teilchengrößenverteilung gewährleistet zu sein. Die Verteilungskurven stehen mit der über die Aufrahmung und über Mikroaufnahmen ermittelten Rangfolge der Emulsionen in sehr guter Übereinstimmung. Der nahezu gleiche Verlauf der Kurventeile für die Emulsionen A und E im Bereich $> 15\,\mu m$ bestätigt die nach den genannten Methoden ermittelte Ähnlichkeit. Beide Emulsionen besitzen eine sehr gute Stabilität, während 99% der Teilchen ab $1\,\mu m$ weniger als $25\,\mu m$ Durchmesser aufweisen. Die sofort nach der Herstellung stark aufrahmende Emulsion B ergibt auch nach dieser Meßmethode den mit Abstand ungünstigsten Verlauf der Verteilungskurve.

Zur Bestimmung der Teilchengrößenverteilung nach der Lanametermethode ist ein Umfang von 20 bis 30 Einzelmessungen zu empfehlen. Die Lanametermessung ist auf Grund des erweiterten Meßbereiches besonders nach kleineren Teilchengrößen hin und der erleichterten Messung und Zählung der Teilchen der mikroskopischen Methode vorzuziehen. Am Beispiel der Emulsion A konnte gezeigt werden, daß gerade der Größenbereich von 1 bis $5\,\mu m$ einen entscheidenden Einfluß auf den Verlauf der Verteilungskurve ausüben kann. Die Bestimmung der Häufigkeit sehr großer Teilchen ist, bedingt durch die relativ kleine Beobachtungsfläche in der Objektebene, schwierig und ergibt nur bei großem Meßumfang einen guten Überblick. Dieser Nachteil ist jedoch nur von geringer Bedeutung, da Emulsionen mit Teilchen > 50 bis $60\,\mu m$ Durchmesser für technische Belange der Faserherstellung und -verarbeitung nur von untergeordneter Bedeutung sein dürften. Geringe Veränderungen in der Größenverteilung durch Alterung oder unterschiedliche Zufuhr mechanischer Energie beim Ansetzen der Emulsionen lassen sich über die Lanametermessungen gut erfassen.

Die Bestimmung der Teilchengröße über Mikroaufnahmen bereitet Schwierigkeiten, da die mitunter heftige Bewegung sehr kleiner Teilchen die Herstellung einwandfreier Aufnahmen erschwert. Die Aufnahmen erfassen nur einen sehr kleinen Ausschnitt des Emulsionspräparates und geben daher keinen ausreichenden Überblick über die Größenverteilung.

Zur Ermittlung der Größenverteilung durch Auszählen im Mikroskop wurden die Teilchen in Größenbereiche eingeordnet und deren prozentualer Anteil an der Gesamtteilchenzahl bestimmt. Bei 600facher Vergrößerung können Teilchen ab $5\,\mu m$ Durchmesser erfaßt werden. Die Bewegung besonders kleiner Teilchen und damit verbundene unscharfe Abbildungen erschweren die Messung. Für eine Aussage über die Größenverteilung sind etwa 30 bis 40 Messungen erforderlich.

Im Lanameter wurden allgemein schärfere Abbildungen der Teilchen erzielt, wodurch das Auszählen und die Einstufung in die Größenbereiche erleichtert wird. Bei 1000facher Vergrößerung verschiebt sich die untere Meßgrenze gegenüber dem Mikroskop von 5 auf $1\,\mu m$. Die Emulsionsteilchen im Bereich von 1 bis $5\,\mu m$ können sich entscheidend auf den Verlauf der Verteilungskurve auswirken.

Die durch Lanametermessungen ermittelten Verteilungskurven stehen in guter Übereinstimmung mit der über die Aufrahmung bestimmten Emulsionsbeständigkeit. Die Teilchengrößenbestimmung mit dem Lanameter ermöglicht, geringe Veränderungen in der Verteilung, z. B. durch Alterung, zu erfassen, die sich auf die Aufrahmung noch nicht auswirken. Die Lanametermethode ist auf Grund der beschriebenen Vorteile den anderen Methoden vorzuziehen; sie liefert bei 20 bis 30 Einzelmessungen eine gute Aussage über die Teilchengrößenverteilung.

6 *Zusammenfassung*

Drei Methoden zur Ermittlung der Teilchengröße und deren Verteilung in Emulsionen wurden auf ihre Aussagekraft überprüft. Als Vergleichsprüfung wurde die Bestimmung der Emulsionsbeständigkeit über die Aufrahmung herangezogen.

Literatur

[1] *Kuhn, A.*, Kolloidchemisches Taschenbuch. Leipzig: Akad. Verlagsges. Geest & Portig 1953.

[2] *Stauff, J.*, Kolloidchemie. Berlin-Göttingen-Heidelberg: Springer 1960.

Eingegangen am 5. Mai 1964

Kurze Mitteilungen[1]

Versuch einer quantitativen Definition des Gebrauchswertes

DK 620.162:168.1

Das Verhalten eines technischen Erzeugnisses im praktischen Gebrauch bezeichnet man üblicherweise als seinen Gebrauchswert (GW). In Erweiterung der bekannten Definition [1], kann man konkreter sagen, daß der GW von einer Menge Eigenschaften (e_i) und von der Beständigkeit dieser Eigenschaften während Beanspruchungen (b) von wechselnder Dauer (t) und Stärke abhängt. Im Sinne einer stochastischen Beziehung kann man kurz schreiben:

$$GW = f[e_i(b, t)]\,. \qquad (1)$$

Letztes Ziel der Werkstoffprüfung ist es, den Gebrauchs-„Wert" eines Erzeugnisses auch zahlenmäßig zu bestimmen. An Versuchen dazu hat es nicht gefehlt [2, 3, 4]. Sie blieben unvollkommen, weil — entsprechend dem Überwiegen der statischen Prüfmethoden, die relativ schnell durchzuführen sind — die Abhängigkeit der Eigenschaften von der Beanspruchungsdauer nicht berücksichtigt wurde, also nur Beziehungen der Art

$$f[e_i(b_c)] \qquad (2)$$

(b_c = konstante Beanspruchung)

aufgestellt wurden (z. B. $GW = \sum c_i \cdot e_i$).

(c = konstante Bewertungsfaktoren.)

Nehmen wir zur Vereinfachung an, daß ein Teilgebrauchswert g nur von einer Eigenschaft e (z. B. von der Reißkraft) und diese von der Beanspruchungsstärke b (z. B. Dehnungsamplitude einer zyklischen Beanspruchung) und von der Beanspruchungsdauer t abhängen:

$$g = f[e(b, t)]\,. \qquad (3)$$

Hält man die Beanspruchungsstärke konstant (b = const.), so kann, wie die Erfahrung zeigt, e prinzipiell verschiedene Verläufe aufweisen (Bild 1).

[1]) Die Veröffentlichung der „Kurzen Mitteilungen" erfolgt unter alleiniger Verantwortung der Verfasser.

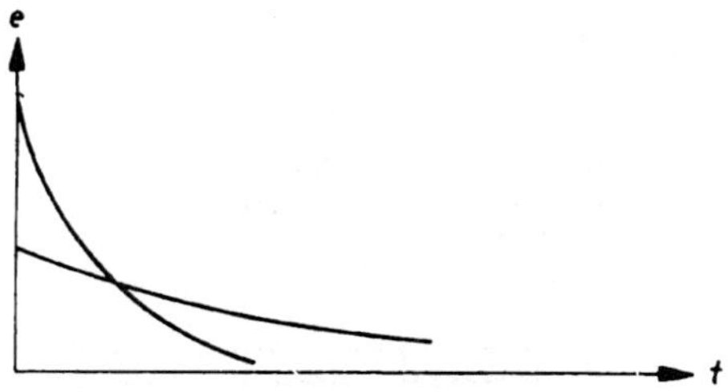

Bild 1. Mögliche Kurven des Beanspruchungsverlaufs

Abgesehen von speziellen Anforderungen können beide Fälle, wenn auch verschieden geartet, quantitativ durchaus gleichwertig sein. Ihre Bewertung wäre durch

$$\int_0^{t=f(0)} e(t)\,dt \tag{4}$$

möglich.

Für $t =$ const. und b variabel ergibt sich analog

$$\int_0^{b=g(0)} e(b)\,db \tag{5}$$

(4) und (5) zusammengefaßt ergibt:

$$g = \iint e(b, t)\,db\,dt. \tag{6}$$

Geometrisch stellt g das Volumen unter der Fläche $e = f(b, t)$ innerhalb vernünftiger Grenzen dar. Als Grenzwerte von b und t könnte man die nehmen, für die $e \to 0$ wird.

Die Untersuchung der Extremfälle zeigt, daß die Definition den ganzen Bereich der möglichen Prüfmethoden umfaßt und sinnvoll ist.

b	t	e	
b_{max}	$\to 0$	$\to 0$	Kurzzeitversuch z. B. statische Reißkraft
b_c	t_c	e_c	Verbleibende Eigenschaft e_c nach Beanspruchungsdauer t_c Bei Beanspruchungsstärke b_c
$\to 0$	t_{max}	$\to 0$	Natürliche, während sehr langer Zeit wirkende Alterung durch nicht meßbar kleine Beanspruchung

Das eindimensionale Messen liefert nur einen Wert. Das zweidimensionale Prüfen (Beanspruchung — Messung der verbleibenden Eigenschaft, z. B. Dehnen und Messen der Restkraft) liefert eine Größe mit umfassenderer Aussage, im vorliegenden Beispiel eine Arbeit.

Die Hinzunahme der Zeitdauer als dritte Dimension führt zu einer noch umfassenderen Definition. Kann die Beziehung $e(b)$ als Arbeit (Energie) dargestellt werden, hat g (6) die Dimension einer Wirkung. Man könnte also sagen:
g ist gleich der inneren Wirkung, die ein Prüfling aufnehmen kann.

Diese Definition eines Teilgebrauchswertes berücksichtigt nicht nur die Ausgangseigenschaft, sondern auch ihre Beständigkeit. Sie umschließt den ganzen Bereich von z. B. einmaliger Reißbeanspruchung über alle denkbaren Kombinationen von Beanspruchungsstärke und -dauer bis zu dem Extremfall natürlicher Alterung.

Grundsätzlich steht der näherungsweisen Bestimmung des Doppelintegrals durch Prüfung mit variablen Werten von b und t nichts im Wege. Zum Beispiel ist es denkbar, Fäden mit einem Dehnungspulsator zu prüfen, wobei Dehnungsamplitude und Prüfdauer den ganzen Bereich von den Höchstwerten bis Null durchlaufen müßten. Der Aufwand würde natürlich nicht unerheblich sein.

Nun wirken aber während des Gebrauches $i = 1 \ldots m$ verschiedene Beanspruchungen auf $k = 1 \cdots n$ verschiedene Eigenschaften. Im allgemeinsten Fall kann also jede der m Beanspruchungen auf n Eigenschaften wirken. Das gibt $m \cdot n$ Kombinationsmöglichkeiten. Manche werden natürlich für die Praxis bedeutungslos sein. Für jede sinnvolle Kombination müßte, wie eben beschrieben, der Textilgebrauchswert g bestimmt werden. Als Eigenschaften kämen in Frage:

Reißkraft, E-Modul, Schermodul, Reibungskoeffizient, mechanischer Verlustwinkel, Grenzflächenspannung, Wasserbindung, Glanz, Farbe, Wärmehaltung, dielektrische Eigenschaften.

Als Beanspruchungen:

Zug, Druck, Torsion, Scherung, Strahlung, Wärme, Elektrizität,

Wasser, Lösemittel, Säuren, Alkalien, Schmutz, biologische Einflüsse, Verarbeitungseinflüsse.

Der Gesamtgebrauchswert GW ergibt sich aus den Teilgebrauchswerten nach einer (unbekannten) Funktion, die so beschaffen sein müßte, daß dem besonderen Verwendungszweck eines Artikels die einzelnen g_{iK} eine bestimmte Wertigkeit erhalten und sinnvoll miteinander verknüpft werden.

$$GW = \psi \int_0^{b=g(0)} \int_0^{t=F(0)} e_{ik}(t, b)\,dt\,db. \tag{7}$$

Diese Definitionsformel, in der knappsten Form dargestellt, beinhaltet alle Überlegungen, die in der Literatur zur Bestimmung des Gebrauchswertes geäußert wurden. Praktisch hilft sie jedoch kaum weiter.

Ist der GW unabhängig von den Messungen der g_{ik} quantitativ (etwa durch exakte Tragversuche) bestimmbar, könnte man die gesuchte Funktion durch eine lineare Funktion annähern und das System aus $m \cdot n$ Gleichungen aufstellen und durch Bestimmen der Koeffizienten von g_{ik} lösen.

Die Überlegungen zeigen einen Weg zur umfassenden quantitativen und apparativen Bestimmung des GW. Man erkennt aber andererseits auch den enormen Aufwand, der dazu nötig wäre.

Literatur

[1] *Sommer, H.*, Gebrauchswertprüfung. Melliand Textilber. **44** (1963) 2, S. 137—140.

[2] *Stoll, R.*, Systematische Qualitätsprüfung, die Grundlage der Gebrauchswertverbesserung unserer Textilstoffe. Melliand Textilber. **24** (1943) S. 211—215.

[3] *Böhringer, H.*, Gütezahlen für Faserstoffe. Textil- u. Faserstofftechn. **4** (1954) S. 700—703.

[4] *Hajmásy, T.*, Grundsätzliche und prüfungstechnische Fragen des Gebrauchswertes von Textilmaterialien. Magyar Textiltechn. **14** (1962) 9, S. 415—426.

Siegfried Meyer

Institut für Textiltechnologie der Chemiefasern, Rudolstadt-Schwarza

Eingegangen am 11. April 1964

Über die Kristallisation unverstreckter Polyesterseide in einigen organischen Lösungsmitteln

DK 677.494.674—042.2:548.5:66.062

Es ist bekannt, daß amorphe bzw. wenig kristallisierte Polyesterfaserstoffe, -folien oder -granulate in einigen organischen Lösungsmitteln sehr stark quellen und kristallisieren. *Kolb* und *Izard* [1] zeigten, daß manche organischen und auch anorganischen Lösungsmittel die Kristallisation von Polyäthylenterephthalat schon bei Temperaturen auslösen können, die weit unterhalb der normalen Kristallisationstemperatur liegen. *Moore* und *Sheldon* [2] fanden, daß die Quellwirkung bzw. die Kristallisationsauslösung in starkem Maße von der „Güte" des Lösungsmittels abhängt. Als Maß für die Lösungsmittelgüte wird dessen Kohäsionsenergiedichte

$$\partial = \sqrt{\frac{Lc - RT}{V}}$$

verwendet (Lc = molare Verdampfungswärme, V = Molvolumen).

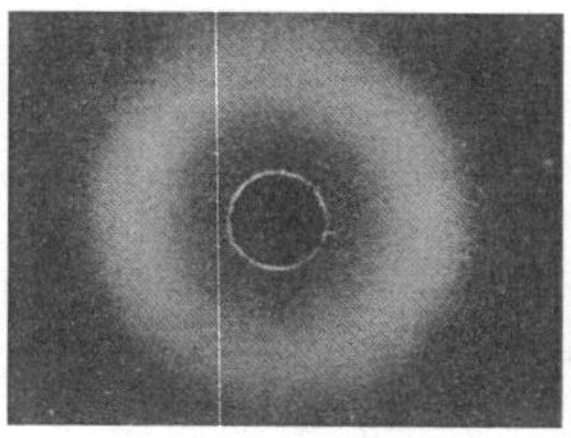

Bild 1.
Amorphe Polyesterseide

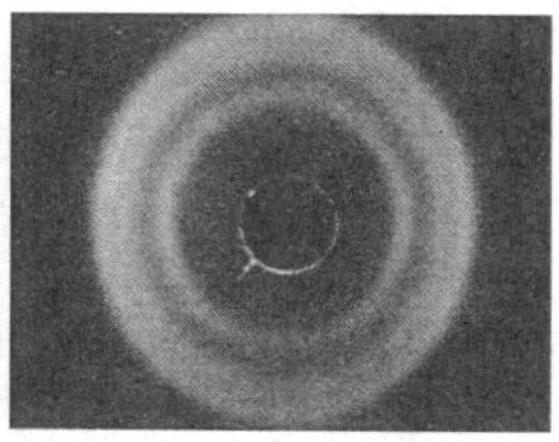

Bild 2.
Kristallisierte Polyesterseide

Die vorliegende Arbeit hatte das Ziel, die Wirkung einer Reihe im Laboratorium gebräuchlicher organischer Lösungsmittel auf unverstreckte Polyesterseide, *Nm* 100 (24), bei verschiedenen Temperaturen zu prüfen, um die Auswahl geeigneter Medien für physikalische und chemische Untersuchungen zu erleichtern.

Ein lockeres Bündel unverstreckter Polyesterseide wurde 30 min bei gegebener Temperatur in ein organisches Lösungsmittel (zum Vergleich auch Wasser, Siliconöl, Luft) getaucht, anschließend mit Fließpapier oberflächlich getrocknet und dann geröntgt (Bild 1 und 2).

In der Übersicht in Bild 3 sind die Temperaturbereiche angegeben, in denen die Röntgenbilder der unverstreckten Polyesterseide eine deutliche Änderung des Ordnungszustandes erkennen lassen. Mit Hilfe dieser Übersicht ist es möglich, auch Rückschlüsse auf homologe Lösungsmittel zu ziehen, so daß der Laboratoriumspraktiker eine relativ große Zahl von organischen Lösungsmitteln in seiner Wirkung auf unverstreckte Polyesterseiden abzuschätzen vermag.

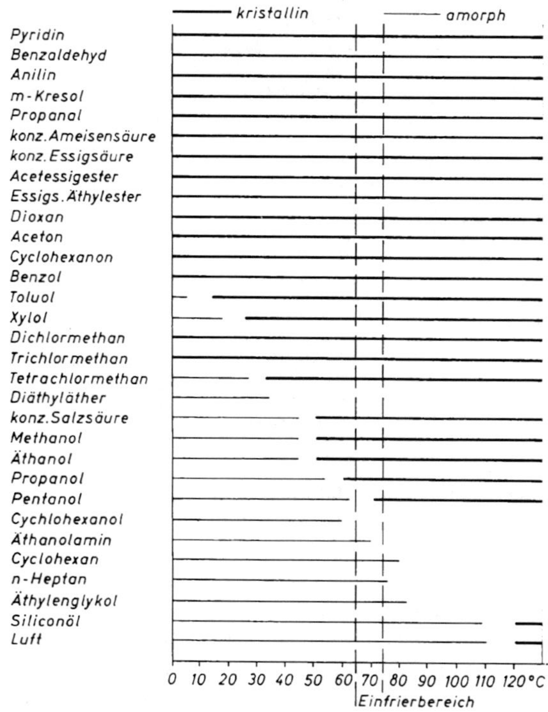

Bild 3. Ordnungszustand der unverstreckten Polyesterseide in Abhängigkeit von der Temperatur und dem Einbettungsmittel

Literatur

[1] *Kolb, H. J.*, und *Izard, E. F.*, J. appl. Physics **20** (1949) S. 564—571.
[2] *Moore, W. R.*, und *Sheldon, R. P.*, Polymer, London **2** (1961) 3, S. 315—321.

Ernst Wiesener
Institut für Textiltechnologie der Chemiefasern Rudolstadt-Schwarza

Eingegangen am 11. April 1964

Die Feinstruktur der Hochpolymeren

Zweites Erweitertes Colloquium vom 8. bis 10. Juni 1964 in Berlin und Teltow-Seehof

DK 061.3.055.1(430.2—2.1):539.26:678
548.734:548.737

Das Institut für Faserstoff-Forschung der Deutschen Akademie der Wissenschaften zu Berlin hat vom 8. bis 10. Juni 1964 das Zweite Erweiterte Colloquium über „Die Feinstruktur der Hochpolymeren" veranstaltet. Das Colloquium trug den Charakter einer Arbeitstagung, auf der die Diskussion im Vordergrund stand. Um eine gute Arbeitsatmosphäre zu gewährleisten, war die Teilnehmerzahl auf 90 begrenzt worden.

42 Teilnehmer waren Gäste von außerhalb der DDR, und zwar aus der Bundesrepublik und Westberlin, Belgien, ČSSR, England, Finnland, Jugoslawien, Niederlande, Norwegen, Österreich, Polen, Schweden, Spanien und Ungarn.

Nach der Eröffnung und Begrüßung durch den Vizepräsidenten der DAW, Herrn Professor Dr. *H. Klare*, wurde über folgende Vorträge diskutiert:

Ch. Ruscher (Teltow-Seehof): Die Feinstruktur der Hochpolymeren (Einführungsvortrag)

Sektion I: Der Ordnungszustand von Hochpolymeren

R. Hosemann und *G. Wilke* (Berlin-Dahlem): Über die parakristalline Struktur von Polyäthylen

G. Bodor, *M. Grell* und *A. Kalló* (Budapest): Die Untersuchung von Polypropylen im parakristallinen Zustand. Vorschlag zur Bestimmung der Kristallinität des Polypropylens

W. Ruland (Brüssel): Röntgenographische Bestimmung des Ordnungszustandes von Hochpolymeren

H. G. Kilian (Marburg): Zusammenhang zwischen Kristallitgrößenverteilung und parakristalliner Störung in den Kristallgittern von Copolymeren des Äthylens

A. Visapää (Helsinki): Die Bestimmung des Ordnungszustandes der Cellulose mit Hilfe von Röntgendiffraktometrie

Ch. Ruscher und *J. Dechant* (Teltow-Seehof): Bestimmung des Ordnungszustandes von Polycaprolactam durch Ultrarotspektroskopie

Sektion II: Die Kristallisation von Hochpolymeren

E. W. Fischer (Mainz): Schmelz- und Rekristallisationsvorgänge bei polymeren Einkristallen

A. J. Kennedy (Cranfield/England): Versetzungen in Nylon

E. Turska und *W. Przygocki* (Łódź): Einfluß des Molekulargewichtes auf die Kinetik der Kristallisation von Polyäthylenglykolterephthalat

E. W. Fischer (Mainz): Kernresonanzmessungen zur Kettenbeweglichkeit in Polyäthylen-Einkristallen

Sektion III: Strukturbestimmungen an Hochpolymeren im festen Zustand

O. Ellefsen (Oslo): Offene Probleme bei der Struktur von Cellulose

M. Kantola (Turku/Finnland): Röntgenographische Untersuchungen über die Orientierung der Kristallite in Holzfasern

M. Jambrich und *J. Diačik* (Svit/ČSSR): Über den Einfluß unterschiedlicher struktureller Modifikationen von isotaktischem Polypropylen auf den Deformationsprozeß

F. J. Baltá-Calleja (Madrid): Untersuchungen über die diamagnetische Suszeptibilität der Polyäthylenoxide

Sektion IV: Die Struktur der Lösungen von Hochpolymeren

J. Schurz (Graz): Der Lösungszustand von Cellulosenitrat in Butylacetat

M. Bohdanecky (Prag): Eine neue Methode zur Bestimmung ungestörter Trägheitsradien von Makromolekülen aus den Viskositätszahlen in guten Lösungsmitteln

J. Biroš, *K. Šolc* und *J. Pouchly* (Prag): Die thermodynamische Interaktion Polymer-Lösungsmittel in binären Gemischen

D. Doskočilová (Prag): Über Anwendung der hochauflösenden Kernresonanz für Stereoregularitätsbestimmung in Vinylpolymeren

H. Dolmetsch (Stuttgart): Die sekundäre Steigerung der Grenzviskosität regenerierter Cellulose als Folge des Viskosezustandes und der Verstreckung

E. Treiber (Stockholm): Neuere Ergebnisse über den Lösungszustand von Viskosespinnlösungen

Ch. Ruscher und *H. Dautzenberg* (Teltow-Seehof): Theoretische und experimentelle Untersuchungen zur Lichtzerstreuung an Lösungen verzweigter Kettenmoleküle

Ch. Ruscher und *H. Zuchold* (Teltow-Seehof): Elektronenmikroskopische Untersuchung des Lösungszustandes von Hochpolymeren

Ein ausführlicher Bericht über dieses Colloquium mit den Vorträgen und Diskussionen wird in dieser Zeitschrift ab November 1964 erscheinen.

Christian Ruscher
Deutsche Akademie der Wissenschaften zu Berlin,
Institut für Faserstoff-Forschung in Teltow-Seehof,
Abteilung Physik

Neue Bücher

Die Bestimmung des Wassergehaltes mit Hilfe der Karl-Fischer-Methode in Harnstoff-Formaldehyd-Kunstharzen sowie in unbehandelten und in mit diesen Kunstharzen behandelten Geweben. Von *W. Weltzien†* und *W. Achwal.* Forschungsberichte des Landes Nordrhein-Westfalen. Nr. 1298. Köln und Opladen: Westdeutscher Verlag 1963. 35 S. 8°. Kart. DM 16,60.

Die Verfasser verweisen zunächst auf die Problematik der Wasserbestimmung durch Trocknung an Substanzen, die flüchtig gehen bzw. sich thermisch verändern. Diesen Ausführungen folgen Angaben zum Chemismus der *Karl-Fischer*-Titration, zur Zusammensetzung der *Karl-Fischer*-Lösung, sowie zur Erkennung des Titrationsendpunktes. Eigene Untersuchungen über die Titereinstellung der *Fischer*-Reagentien und ihre Beständigkeit schließen sich an. Ferner wird über den zeitlichen Verlauf der Wasserextraktion von Fasern und Geweben berichtet, wobei besonders auf den Einfluß der Luftfeuchtigkeit bei der Verwendung von Methanol hingewiesen wird. In dem Kapitel „Die Genauigkeit der Feuchtigkeitsbestimmung in Geweben" wird die visuelle Titration mit der Dead-stop-Methode verglichen. Dabei wird allerdings keine Fehlerabschätzung gegeben. Besonderes Augenmerk widmen die Verfasser der Anwendung von verdünnter *Karl-Fischer*-Lösung bei der Bestimmung des Feuchtigkeitsgehaltes von Geweben, Kunstharzen und mit Kunstharzen ausgerüsteten Geweben, sowie der Verwendung von Methanol und Dimethylformamid als Extraktionsmittel in solchen Fällen. Interessant ist die Beobachtung, daß beim Einsatz von Dimethylformamid störende Nebenreaktionen bei der Endpunktserkennung im Bereich um —40°C unterbleiben. Der Bericht, versehen mit den wichtigsten Literaturzitaten und in einer sehr ansprechenden Form vorgelegt, kann den Mitarbeitern von Untersuchungseinrichtungen der Kunststoff- und Synthesefaser-verarbeitenden Industrie empfohlen werden.

J. Schmidt

Sowjetische Beiträge zur Faserforschung und Textiltechnik

in deutscher Übersetzung

Die Begründer der Zeitschrift „Faserforschung und Textiltechnik" hatten sich u. a. das Ziel gesetzt, laufend „über die Forschungen und Fortschritte auf textilem Gebiet in der UdSSR und in den Volksdemokratien" zu berichten. Dies geschah in den ersten Jahren durch die Veröffentlichung von Übersetzungen oder ausführlichen Referaten der in diesen Ländern, vor allem in der UdSSR, erschienenen Arbeiten.

Inzwischen ist die Anzahl der unserer Zeitschrift zuströmenden Originalarbeiten so umfangreich geworden, daß für diese Informationsaufgabe — mit Ausnahme der rein titelmäßigen Erfassung der Arbeiten in der „Literaturschau" — kein Platz mehr verfügbar ist. Andererseits erscheinen insbesondere in der UdSSR, z. T. in neu gegründeten Zeitschriften, in zunehmendem Maße wissenschaftliche und technische Veröffentlichungen, deren eingehende Kenntnis für die Mitarbeiter der Betriebe und Forschungsstellen zur Erfüllung ihrer Aufgaben dringend erforderlich ist.

Um diese Kenntnis vermitteln zu helfen, erscheint *ab Juli 1964* die Zeitschrift

Sowjetische Beiträge zur Faserforschung und Textiltechnik
in deutscher Übersetzung

mit ausgewählten Arbeiten aus der sowjetischen Fachpresse, in erster Linie aus den Zeitschriften

Vysokomolekuljarnye Soedinenija (Hochmolekulare Verbindungen),

Chimičeskie Volokna (Chemische Fasern),

Izvestija vysšich učebnich Zavedenij. Technologija textil'noj Promyšlennosti (Hochschulnachrichten. Technologie der Textilindustrie),

Tekstil'naja Promyšlennost (Textil-Industrie),

sowie einem vollständigen Inhaltsverzeichnis der neuesten Hefte dieser Zeitschriften.

Die Bearbeitung erfolgt durch die herausgebenden Institute der Deutschen Akademie der Wissenschaften zu Berlin,

das Institut für Faserstoff-Forschung in Teltow-Seehof und

das Institut für Technologie der Fasern in Dresden,

gemeinsam mit

dem Institut für Textiltechnik der TU Dresden und

dem Forschungsinstitut für Textiltechnologie in Karl-Marx-Stadt.

Das erste Heft der neuen Zeitschrift enthält folgende Beiträge:

N. V. Michajlov: Derzeitige Probleme der Struktur und Festigkeit von Chemiefasern;

V. E. Gusev: Wege zur rationellen Ausnutzung der Chemiefasern in der Textilindustrie;

G. L. Slonimskij und *L. Z. Rogovina:* Untersuchung des Verlaufes der Spannungsrelaxation in Polypropylen;

I. M. Kustanovič, I. I. Patalach und *L. S. Polak:* Über die Halbleitereigenschaften von pyrolysierten Polyacrylnitrilfasern;

N. P. Drozdov: Teilweiser Ersatz der Stärke in der Weberei und der Veredlung durch Polyacrylamid;

A. A. Gračeva: Über die Erzeugung von mit Polyurethan laminierten Textilien;

T. A. Suchova: Verfahren zur Prüfung von Vliesstoffen;

B. I. Belov, E. T. Ustinova und *S. K. Eremin:* Der Einsatz thermoplastischer Harze für die Herstellung von Vliesstoffen nach dem Klebeverfahren;

V. M. Gurusov: Zur Frage der Bestimmung des Parallelisierungsgrades der Fasern im Produktionsablauf der Flachsspinnerei;

Inhalt der neuesten sowjetischen Hefte.

Die monatlich im Umfang von 56 Seiten A 4 erscheinende Zeitschrift ist zum Preise von DM 22,50 für das Vierteljahr durch den Buchhandel oder direkt beim Akademie-Verlag GmbH, Berlin W 8, Leipziger Str. 3—4, zu bestellen.

Patentschau

Auszug aus Lieferung 9/10/1964 der Patentschau „Faserstoffe und Textiltechnik", Ausgabe A: Faserstoffe einschl. Kunststoffe und organ. Grundsubstanzen, zusammengestellt von der Abteilung Wissenschaftliches Berichtswesen des Instituts für Faserstoff-Forschung der DAW, Teltow-Seehof, Kantstr. 55

Die Patentschau ist nach der deutschen Patentklasseneinteilung gegliedert. Es bedeuten: DDP = DDR-Patent; DBP = Deutsches Bundespatent; DAS = (West)-Deutsche Auslegeschrift; OeP = Österreichisches Patent; PoP = Polnisches Patent; SzP = Schweizer Patent; FrP = Französisches Patent; GBP = Britisches Patent; SvP = Schwedisches Patent; SUP = Sowjetisches Patent; ČSP = Tschechisches Patent; USP = Amerikanisches Patent; — A = Anmelde-, B = Bekanntmachungs-, E = Erteilungsdatum.

Klasse 29a

USP 3117362. Zusammengesetzter Faden. Erf.: *A. L. Breen.* Inh.: E. I. du Pont de Nemours and Co., Wilmington, Del. A. 20. 6. 61, E. 14. 1. 64. Kl.: 57140. A.-Z.: 118470, 19 Anspr.

SUP 161455. Vorrichtung für Zentrifugenspinnmaschine zum gleichzeitigen Abschneiden aller Fäden vor dem Herausnehmen der Spinnkuchen. Erf.: *V. S. Kuskin, V. A. Archangel'skij, L. S. Piščikova, A. P. Ryžikova, S. I. Podlesnyj* u. *M. I. Kanovič.* A. 8. 6. 62, B. 19. 3. 64. Kl.: 29a, 6/14. A.-Z.: 781888/18—12.

SvP 182594. Fadenzuführungsrolle. Erf.: *F. E. B. Nordström.* Inh.: Svenska Rayon AB, Vålberg, A. 3. 6. 59, E. 19. 2. 63. Kl.: 29a, 6/7.

DDP 26672. Verfahren zur Herstellung von gekräuselten Fäden aus synthetischen linearen Hochpolymeren. Erf. u. Inh.: *Joachim Müller*, Rudolstadt. A. 25. 3. 59. Ausg. 2. 1. 64. Kl.: 29a, 6/20, A.-Z.: WP 29a/60321.

SzP 376219. Apparat zur Kräuselung und Fixierung von Faserkabeln. Inh.: Monsanto Chemical Co., 800 North Lindberg Boulevard, St. Louis, Mo. (US), A. 6. 5. 59, E. 15. 4. 64. Kl.: 29a, 6/20. A.-Z.: 72945/59.

SzP 376220. Verfahren zur Herstellung eines voluminösen Garns. Erf.: *A. Fior* u. *E. Del Mauro.* Inh.: Montecatini Soc. Gen. per l'Industria Mineraria e Chimica, Mailand (It). A. 16. 2. 60, E. 15. 4. 64. Kl.: 29a, 6/20 (29b, 3/65), A.-Z.: 1695/60. Prior.: 18. 2. 59 (It.: A.-Z.: 2686/59)

USP 3027619. Kräuseln von Textilfasersträngen. Erf. u. Inh.: *Ralph W. List*, 35 Lexington Ave., East Lansdowne, Pa.; u. Schwartz, Ira, 615 *W. Arbutus, St.*, Philadelphia, Pa. A. 27. 11. 56, E. 3. 4. 62. Ki.: 28—1, 10 Anspr. A.-Z.: 624613.

USP 3116532. Vorrichtung und Verfahren zur Bauschgarnherstellung. Erf.: *H. Scherzberg* u. *E. Mossig.* Inh.: Farbenfabriken Bayer AG, Leverkusen (DB), A. 27. 6. 61, B. 7. 1. 64. Kl.: 28—1, 3 Anspr. A.-Z.: 120031.

USP 3117410. Herstellung von gebauschten Zwirnen von ausgeglichener Zugfestigkeit und das Garn. Erf.: *H. Grouzet.* Inh.: Moulinage et Retorderie de Chavanoz, Chavanoz, Isere (Fr). A. 19. 12. 60, S. 14. 1. 64. Kl.: 57—140, 7 Anspr. A.-Z.: 76855.

FrP 1351527 (Aj.). Verbesserungen von Vorrichtungen zum Zerreißen von synthetischen Fäden zu Faserband. Inh.: Crepy, D., A. 26. 12. 62, E. 30. 12. 63. Int. Kl.: D 01 d; D 06 c, A.-Z.: 919739.

USP 3116531. Garnkräuselvorrichtung. Erf.: *W. H. Hills* u. *D. E. Fisher.* Inh.: Monsanto Chemical Co., A. 17. 11. 60, E. 7. 1. 64. Kl.: 28—1, 4 Anspr., A.-Z.: 70038.

USP 3027603. Textilfaser-Streckelement. Erf.: *W. L. Mason.* Inh.: Armstrong Cork Co., Lancaster, Pa., A. 22. 8. 55, E. 3. 4. 62, Kl.: 260—43. 1 Anspr. A.-Z.: 529944.

Klasse 29b

DAS 1163489. Verfahren zur Herstellung von Fäden, Fasern oder Folien aus regenerierter Cellulose durch Verspinnen von Viskose. Erf.: *W. Koblitz, W. Bemzel* u. *A. Kirstahler.* Anm.: Glanzstoff-Courtaulds GmbH, Köln-Weidenpesch. A. 17. 2. 60, B. 20. 2. 64, Kl.: 29b, 3/20. A.-Z.: G 29042.

FrP 1353202. Verfahren zur Herstellung von Kunstfasern, die mit Proteinderivaten modifiziert sind. Inh.: Fuji Spinning Co. Ltd. A. 6. 3. 63, E. 13. 1. 64. Int. Kl.: D 01 f, A.-Z.: 927036. Prior.: 7. 3. 62 (Ja; A.-Z.: 8269/1962).

SvP 182067. Verfahren zur Herstellung von Kunstfasern aus Viskose. Erf.: *K. Heuer, H. Elling* u. *R. Elssner.* Inh.: Vereinigte Glanzstoff-Fabriken AG, Wuppertal-Elberfeld (DB). A. 2. 9. 55, E. 2. 2. 63. Kl.: 29b, 3/20. Prior.: 25. 11. 54 (DB).

SUP 160266 Zus. z. Pat. m. A.-Z.: 806173/23—4 (Urheberschein). Verfahren zur Herstellung von haltbaren essigsauren Lösungen (Sirupen) von Triacetylcellulose. Erf.: *E. L. Alkim* u. *D. P. Perepečkin.* A. 19. 7. 62, B. 16. 1. 64. Kl.: 29b, 3/30. A.-Z.: 787667/23—4.

FrP 1352398. Verfahren zur Herstellung von Polypeptidfasern. Inh.: Ajinomoto Co. Inc. A. 27. 3. 63, E. 6. 1. 64. Int. Kl.: C 08 h, A.-Z.: 929372. Prior.: 3. 4. 62 (Ja; A.-Z.: 12645/1962).

DDP 26640: Verfahren zur Herstellung von gefärbten Fäden, Fasern u. dgl. aus Polyestern. Erf. u. Inh.: *Joachim Richter*, Rathenow. A. 28. 3. 62, Ausg. 17. 12. 63. Kl.: 29b, 3/60. A.-Z.: WP 29b/78926.

OeP 233726. Vorrichtung zur Herstellung von Monofilamenten nach dem Schmelzspinnverfahren. Inh.: N. V. Onderzoekingsinstituut Research, Arnhem (Nd), 16. 5. 62/15. 10. 63/15. 4. 64. Kl.: 29 a, 7/01, A.-Z.: 4017/62, Prior.: 17. 5. 51 (Nd).

OeP 233727 Zus. z. Pat. 210055. Verfahren zur Herstellung von Formgebilden, insbesondere von Fäden, Filmen, Bändern od. dgl. mit verbesserter Färbbarkeit. Erf.: *A. Bonvicini* u. *E. Ildos.* Inh.: Montecatini Soc. Gen. per l'Industria Mineraria e Chimica, Mailand. 21. 5. 62/15. 10. 63 /15. 4. 64. Kl.: 29a, 7/01. A.-Z.: 4150/62. Prior.: 23. 5. 61 (It).

FrP 1352840. Verfahren und Vorrichtung zur Herstellung von monomerarmen Fäden, Kabeln, Folien und analogen Erzeugnissen aus synthetischen linearen Hochpolymeren, wie z. B. Polyamiden. Inh.: VEB Thüringische Kunstfaserwerke „Wilhelm Pieck", Schwarza. A. 24. 10. 62, E. 13. 1. 64. Int. Kl.: D 01 f. A.-Z.: 913285.

FrP 1352909. Neue Kompositionen auf Basis von aus der Schmelze extrudierbaren Polykondensaten und auf Basis dieser Kompositionen erhaltene Erzeugnisse. Inh.: Société Rhodiaceta, A. 3. 1. 63, E. 13. 1. 64. Int. Kl.: D 01 f; C 08 g, A.-Z.: 920376.

USP 3117948. Verfahren zur Herstellung von Polyamidgarnen mit verbesserter Lichtbeständigkeit. Erf.: *L. Notarbartolo* u. *L. Ciceri.* Inh.: Snia Viscosa Società Nazionale Industria Applicazioni Viscosa. S.p.A., Milan (It., A. 14. 11. 60, E. 14. 1. 64. Kl.: 260—45, 75. A.-Z.: 68619. 4 Anspr. Prior.: 2. 7. 60 (It.)

DBP 1054656. Verfahren zur Herstellung von Fäden oder Fasern aus Polyacrylnitril und bzw. oder seinen Mischpolymerisaten mit guten färberischen Eigenschaften. Erf.: *D. Maragliano, E. Cernia.* Anm.: Montecatini Soc. Gen. per l'Industria Mineraria e Chimica, Mailand (It), 5. 2. 57/ 9. 4. 59/ erteilt, Kl.: 29 b, 3/65. A.-Z.: M 33131. Prior.: 15. 2. 56 (It).

FrP 1351719. Verbesserungen von Acrylnitrilpolymeren, insbesondere zum Färben dieser Substanzen. Erf.: *A. C. S. A. Applicazioni Chimiche* S.p.A. Inh.: Monsanto Chimical Co. A. 22. 2. 63, E. 30. 12. 63. Int. Kl.: C 08 f, A.-Z.: 925704. Prior.: 23. 2. 62 (It; A.-Z.: 3692/62).

GBP 947728. Verfahren zur Fotopolymerisation von Acrylnitril in wäßriger Zinkchloridlösung. Inh.: Toho Rayon Kabushiki Kaisha. A. 11. 7. 61, E. 29. 1. 64. Kl.: C 3. P. Int. Kl.: C 08 f, A.-Z.: 25050/61. Prior.: 16. 7. 60 (Ja; A.-Z.: 31260).

SUP 160267 (Urheberschein). Verfahren zur Herstellung von Fasern und Geweben mit Ionenaustauscheigenschaften. Erf.: *Z. A. Rogovin, A. A. Konkin, Ju. G. Krjawzev* u. *U. Zun-Zuj.* A. 23. 10. 62, B. 16. 1. 64. Kl.: 29 b, 3/65. A.-Z.: 800357/23—4.

DBP 1071283. Verfahren zum Antistatischmachen von Textilgut. Erf.: *A. V. Riley jr., R. DeMott.* Anm.: Atlas Powder Co., Wilmington, Del. (US), 21. 2. 52/17. 12. 59/ erteilt. Kl.: 29 b, 5/04. A.-Z.: A 15211.

USP 3116966. Polyolefinfasern mit verbesserten Anfärbeeigenschaften und Verfahren zur Herstellung derselben. Erf.: *U. Riboni* u. *L. Bartolucci.* Inh.: Montecatini Soc. Gen. per l'Industria Mineraria e Chimica. A. 5. 4. 60, E. 7. 1. 64. Kl.: 8—115,5. 16 Anspr. A.-Z.: 20017. Prior.: 9. 4. 59 (It).

Klasse 39c

FrP 1352125. Lösung von Polymeren zur Formgebung und Herstellung dieser Lösung. Inh.: Teikoku Jinzo Kenshi Kabushiki Kaisha, A. 24. 8. 62, E. 6. 1. 64. Int. Kl.: D 01 f; C 08 b, A.-Z.: 907713. Prior.: 24. 8. 61; 8. 5. 62; 24. 5. 62; 28. 5. 62 (Ja; A.-Z.: 30683/61; 17861/62; 20495/62; 21066/62).

SvP 182244. Verfahren zur Herstellung von modifiziertem, kationenaktivem Carbamid-Formaldehyd-Harz. Erf.: *A. Striegler, H. Wild* u. *W. Hesse*. Inh.: VEB Leuna Werke „Walter Ulbricht", Leuna (DD), A. 19. 4. 61, E. 15. 1. 63. Kl.: 39 c, 5.

DAS 1164090. Verfahren zur Herstellung von stabilen linearen Polyalkylenharnstoffen. Erf.: *G. J. M. van der Kerk*. Anm.: Schering AG, Berlin A. 10. 5. 60, B. 27. 2. 64. Kl.: 39c, 6. A.-Z.: N 18314. Prior.: 11. 5. 59 (Nd; A.-Z.: 239046).

GBP 944310. Polyurethane. Inh.: Imperial Chemical Industries Ltd., A. 15. 6. 62, E. 11. 12. 63. Kl.: C 3. R. Int. Kl.: C 08 g, A.-Z.: 22993/61.

GBP 947482. Polyurethanschäume. Inh.: Isocyanate Products Inc. A. 29. 12. 59, E. 22. 1. 64. Kl.: C 3. R. Int. Kl.: C 08 g. A.-Z.: 44053/59. Prior. 30. 12. 58 (US; A.-Z.: 783688). entpsr. GBP 947483.

GBP 948191. Herstellung von Polyurethanen. Inh.: Imperial Chemical Industries Ltd. A. 8. 6. 62, E. 29. 1. 64. Kl.: C 3. R. Int. Kl.: C 08 g, A.-Z.: 20916/61.

DDP 26490. Verfahren zur Herstellung von alkalisch unter Weichmacherzusatz polymerisiertem ε-Caprolactam. Erf. und Inh.: *Hubert Schade*, Dr. Leuna; u. *Friedrich Wilhelm Beckhaus*, Dr., Halle. A. 24. 9. 59. Ausg. 21. 12. 63. Kl.: 39 c, 10, A.-Z.: WP 39c/63502.

DAS 1163541. Verfahren zur Herstellung linearer Polyamide hoher Viskosität aus am Stickstoff unsubstituierten β-Lactamen. Erf.: *E. Schmidt, C. Beermann* u. *K. Börner*. Anm.: Farbwerke Hoechst AG vorm. Meister Lucius & Brüning, Frankfurt/M. A. 24. 2. 61, B. 20. 2. 64. Kl.: 39c, 10. A.-Z.: F 33274.

DAS 1163542. Verfahren zur Herstellung von Polyamiden mit verbesserter Licht- und Waschbeständigkeit durch Polykondensation von Caprolactam. Erf.: *H. Taul* u. *E. Sommer*. Anm.: Vereinigte Glanzstoff-Fabriken AG, Wuppertal-Elberfeld. A. 3. 2. 59. B. 20. 2. 64. Kl.: 39 c, 10. A.-Z.: V 18486.

DAS 1164091. Verfahren zur Verbesserung der Lichtbeständigkeit von Polycaprolactam. Erf.: *K. H. Tiedtke*. Anm.: Vereinigte Glanzstoff-Fabriken AG, Wuppertal-Elberfeld. A. 23. 9. 61, B. 27. 2. 64. Kl.: 39 c, 10. A.-Z.: V 21353.

DAS 1164092. Verfahren zur Verbesserung der Lichtbeständigkeit von Polycaprolactam. Erf.: *K. H. Tiedtke*. Anm.: Vereinigte Glanzstoff-Fabriken AG, Wuppertal-Elberfeld. A. 23. 9. 61, B. 27. 2. 64. Kl.: 39c, 10, A.-Z.: V 21354.

DAS 1165264. Verfahren zur Herstellung von Blockpfropfpolymerisaten aus Polyamiden und härtbaren Kunstharzen. Erf.: *H. Craubner* u. *G. Illing*. Anm.: Badische Anilin- & Soda-Fabrik AG, Ludwigshafen/Rhein. A. 30. 6. 61, E. 12. 3. 64. Kl.: 39c, 10. A.-Z.: B 63094.

GBP 944307. Kontinuierlicher Lactampolymerisationsprozeß. Inh.: Imperial Chemical Industries Ltd. A. 25. 5. 62, E. 11. 12. 63. Kl.: C 3. R. Int. Kl.: C 08 g. A.-Z.: 20577/61.

SUP 160311 (Urheberschein). Verfahren zur Herstellung von Polyamiden. Erf.: *N. D. Katorzuov* u. *A. A. Strepicheev*. A. 4. 3. 54, B. 16. 1. 64. Kl.: 39 c, 10. A.-Z.: 429687/23 – 4.

SUP 160312 (Urheberschein). Verfahren zur Herstellung von Polycaprolactamen. Erf.: *V. V. Koršak, A. M. Kogan, V. A. Sergeev, R. B. Slejfman, L. B. Gureric* u. *G. B. Andion*. A. 18. 12. 61, B. 16. 1. 64. Kl.: 39 c, 12/10. A.-Z.: 756380/23 – 4.

USP 3117106. Wasserdispergierbare saure Melamin/Formaldehyd-Harze. Erf.: *H. P. Wohnsiedler*. Inh.: American Cyanamid Co., New York, N.Y., A. 22. 12. 59, E. 7. 1. 64. Kl.: 260 – 67,6. 11 Anspr. A.-Z.: 861175.

DAS 1164093. Verfahren zur Herstellung von phosphonsäurehaltigen Polyestern. Erf.: *W. Starck, H. Vilscek, J. Winter* u. *F. Rochlitz*. Anm.: Farbwerke Hoechst AG vorm. Meister Lucius & Brüning, Frankfurt/M. A. 30. 11. 56, B. 27. 2. 64. Kl.: 39 c. 16. A.-Z.: F 21800.

DAS 1165266. Verfahren zur Herstellung flammfester, phosphorhaltiger Polyester. Erf.: *W. Starck, H. Vilcsek, J. Winter* u. *F. Rochlitz*. Anm.: Farbwerke Hoechst AG vorm. Meister Lucius & Brüning, Frankfurt/M. A. 19. 7. 57, B. 12. 3. 64. Kl.: 39 c, 16. A.-Z.: F 23525, entspr. SzP 375899.

SzP 375898. Verfahren zur Herstellung linearer Polyester. Erf.: *W. Griehl* u. *H. Lückert*. Inh.: Inventa AG für Forschung und Patentverwertung, Zürich, Stampfenbachstr. 38, Zürich, Korrespondenzadresse: Postfach 2701, Zürich 23. A. 23. 4. 58, E. 15. 3. 64. Kl.: 39 c, 16. A.-Z.: 58673/58.

SUP 160315. (Urheberschein) Verfahren zur Herstellung von modifizierten Alkydharzen. Erf.: *N. V. Izjumov, M. I. Ustarstikov, M. I. Farberov, R. B. Mandel', L. M. Bereslavskij, E. I. Gambardella* u. *T. L. Koposova*. A. 29. 12. 62, B. 16. 1. 64. Kl.: 39c, 16. A.-Z.: 811113/23 – 4.

USP 3117950. Herstellung verbesserter linearer Copolyester durch 2-Stufenpolymerisation fester Teilchen. Erf.: *Ch. J. Kibler, N. C. Russin* u. *A. Bell*. Inh.: Eastman Kodak Co., Rochester, N. Y., A. 25. 3. 59, E. 14. 1. 64, Kl.: 260 – 75. A.-Z.: 801705. 22 Anspr.

FrP 1352998 (Aj.). Verfahren zur Herstellung von modifizierten Polyoxymethylenen aus Trioxan. Erf.: *H. Sack*, Inh.: Houillères du Bassin du Nord et du Pas-de-Calais. A. 10. 1. 63, E. 13. 1. 64. Int. Kl.: C 08 g, A.-Z.: 921043.

GeP 233832. Verfahren zur Herstellung von Formaldehydhochpolymeren und zur Erhöhung ihrer thermischen Stabilität. Erf.: *S. Bezzi*. Inh.: Montecatini Soc. Gen. per l'Industria Mineraria e Chimica, Mailand, 23. 2. 61/15. 10. 63/15. 4. 64. Kl.: 39 b, 16. A.-Z.: 1469/61. Prior.: 24. 2. 60 (It).

FrP 82562 Zus. z. Pat. 1342372. Elastomere Olefincopolymere und Verfahren zu ihrer Herstellung. Erf.: *G. Natta, G. Mazzanti, A. Valvassori, G. Dall'Asta, Sartori, G.* u. *N. Cameli*. Inh.: Montecatini Soc. Gen. per l'Industria Mineraria e Chimica. A. 17. 10. 62, E. 27. 1. 64. Int. Kl.: C 08 f, A.-Z.: 912530. Prior.: 30. 4. 62; 24. 5. 62 (It; A.-Z.: 8594/62; 10340/62).

DAS 1165272. Verfahren zur Herstellung von Sulfongruppen enthaltenden Mischpolymerisaten des Acrylnitrils. Erf.: *M. Dohr* u. *G. Tauber*. Anm.: Henkel & Cie. GmbH, Düsseldorf-Holthausen. A. 30. 9. 61, B. 12. 3. 64. Kl.: 39 c, 25/01, A.-Z.: H 43757.

DAS 1165273. Verfahren zur Herstellung von Acrylnitrilpolymerisatlösungen. Erf.: *M. Taniyama, M. Nakajima* u. *I. Kanda*. Anm. Toho Rayon Kabushiki Kaisha, Tokio. A. 6. 12. 60, B. 12. 3. 64. Kl.: 39 c, 25/01. A.-Z.: T 19392.

SzP 375902. Verfahren zum Polymerisieren von Äthylen. Erf.: *R. Mostardini* u. *L. Luciani*. Inh.: Montecatini Soc. Gen. per l'Industria Mineraria e Chemica, Mailand (It). A. 5. 11. 58, E. 15. 3. 64. Kl.: 39 c, 25/01. A.-Z.: 65832/58. Prior.: 6. 11. 57 (It; A.-Z.: 15795/57).

FrP 1353179. Olefincopolymere und Verfahren zu ihrer Herstellung. Erf.: *G. Natta, G. Mazzanti, A. Valvassori* u. *G. Sartori*. Inh.: Montecatini Soc. Gen. per l'Industria Mineraria e Chimica. A. 27. 2. 63, E. 13. 1. 64. Int-Kl.: C 08 f, A.-Z.: 926214. Prior.: 2. 3. 62 (It; A.-Z.: 4189/62).

FrP 1353224. Verfahren zur Polymerisation von Olefinen. Inh. Solvay & Cie. A. 12. 3. 63, E. 13. 1. 64. Int. Kl.: C 08 f, A.-Z.: 927720. Prior.: 16. 4. 62 (Be; A.-Z.: 492022).

GBP 944741. Vinylchloridpolymere. Inh.: Montecatini Soc. Gen. per l'Industria Mineraria e Chimica. A. 14. 12. 61, E. 18. 12. 63. Kl.: C 3, P. Int. Kl.: C 03 f. A.-Z.: 44828/61, Prior.: 19. 12. 60 (It; A.-Z: 21732)

GBP 948034. Verfahren zur Herstellung von Polyvinyläthern. Inh.: Mitsubishi Chemical Industries Ltd. A. 16. 1. 62, E. 29. 1. 64. Kl.: C 3. P. Int. Kl.: C 08 f. A.-Z.: 1592/62. Prior.: 20. 1. 61 (Ja; A.-Z.: 1485).

SvP 182407. Verfahren zur Herstellung von einem Acrylnitril-Pfropfpolymeren. Erf.: *D. B. Capps*. Inh.: Monsanto Chemical Co., St. Louis, Miss. (US). A. 5. 10. 56, E. 29. 1. 63. Kl. 39 c, 25/01.

USP 3028371. Verfahren zur Herstellung von Acrylnitrilpolymeren. Erf.: *M. Wishman* u. *W. Kocay. R.* Inh.: American Cyanamid Co., New York, N. Y. A. 26. 5. 61, E. 3. 4. 62. Kl.: 260 – 80,5, 7 Anspr. A.-Z.: 112749.

USP 3028372 Zus. z. Pat. m. A.-Z.: 711117. Herstellung von Acrylnitrilpolymeren. Erf.: *W. R. Kocay* u. *M. Wishman*. Inh.: American Cyanamid Co., New York, N. Y. A. 26. 5. 61, E. 3. 4. 62. Kl.: 260 – 80,5, 7 Anspr. A.-Z.: 112750.

Klasse 42 k, 50

DBP 1053216. Elektronischer Flusenanzeiger für Textilfäden. Erf.: *H. Schöttler*. Anm.: Phrix-Werke AG, Hamburg, 16. 8. 56/19. 3. 59/erteilt. Kl.: 42 h, 34/07. A.-Z.: P. 16847.

SzP 375936. Verfahren und Apparatur zur Überprüfung der Dicke von Fäden, Drähten, Bändern und ähnlichen Materialien. Erf.: *F. Oppliger*. Inh.: Erni & Co., Brüttisellen (Zürich). A. 25. 9. 59, E. 15. 3. 64. Kl.: 42 k, 50. A.-Z.: 78656/59.

Literaturschau

Auszug aus Lieferung 9 und 10/1964 des Dokumentationsdienstes „Faserstoffe und Textiltechnik", zusammengestellt von der Abteilung Wissenschaftliches Berichtswesen des Instituts für Faserstoff-Forschung der DAW, Teltow-Seehof, Kantstr. 55

I. Wissenschaftliche Grundlagen

Goldberg, J. B., Leistungen der Textilforschung im Jahre 1963. Textile Ind. **128** (1964) 2, S. 111, 112, 115, 116, 117, 120.

Physik und Chemie der Hochpolymeren

Hargreaves, G., Viskositätsmessungen an verdünnten Lösungen von Polyamid-66 in $CaCl_2-CH_3OH$ als Lösungsmittel. J. Polymer. Sci., Part B **2** (1964) 1, S. 29 – 30.

Kämmerer, H., Schmieder, W., Steinfort, K.-G., Die Bestimmung des Zahlenmittels des Molekulargewichts von Polystyrolen und der Kombinationsabbruch bei der Polymerisation von Styrol. Makromol. Chemie **72** (1964) S. 86 – 91.

Ferroni, E., Gabrielli, G., Oberflächenspannung von Polystyrollösungen. J. Polymer Sci., Part B **2** (1964) 1, S. 51 – 53.

Maron, R., Gröbe, A., Casperson, G., Elektronenmikroskopische Untersuchungen an Supercordfäden. Faserforsch. u. Textiltechnik **15** (1964) 5, S. 202 – 205.

Krimm, S., Enomoto, S., IR-Untersuchungen der strukturellen Änderungen in Polyvinylchlorid. J. Polymer Sci., Part A **2** (1964) 2, S. 669 – 678.

Schmolke, R., Ultrarotdichroitische und röntgenographische Untersuchungen zur Feinstruktur von Acrylnitril-Copolymeren. Dissertation/Leipzig, Math. naturwiss. F./v. 21. Okt. 1963 (Nicht f. d. Aust.) Leipzig 1963. III, 69 gez. Bl. mit z. T. eingekl. Abb. 4° [Maschinenschr. vervielf.] Ref.: Dt. Nationalbibliogr., Reihe B (1964) 5, S. 467, Nr. 631.

Slichter, W. P., Davis, D. D., Kernmagnetische Resonanz bei den Polymeren von normalen α-Olefinen. J. appl. Physics **35** (1964) 1, S. 10 – 14.

Chûjô, R., Satoh, S., Nagai, E., NMR-Untersuchung von Vinylidenchlorid/Vinylchloridcopolymeren mit hoher Auflösung. J. Polymer Sci., Part A **2** (1964) 2, S. 895 – 905.

Bonart, R., Parakristalline Schichtgitter in verstreckten Linearpolymeren. I. Die Querstruktur. Kolloid-Z./Z. Polymere 194 (1964) 2, S. 97 – 110.

Brandrup, J., Goodman, M., Die Untersuchung der Polyacetaldehydstruktur durch magnetische Kernresonanz hoher Auflösung. J. Polymer. Sci. Part B **2** (1964) 1, S. 123 – 128.

Takahashi, M., Nukushina, Y., Kosugi, S., Einfluß der Faserbildungsbedingungen auf die Mikrostruktur der Acrylfaser. Textile Res. J. **34** (1964) 2, S. 87 – 97.

Prati, G., Bewertung der profilierten Fasern. Panorama tessile, Milano **1** (1964) 1, S. 2 – 4.

Ciferri, A., Smith jr., K. J., Phasenänderungen in faserförmigen makromolekularen Systemen und damit verbundene Elastizität. Modellphasendiagramme. J. Polymer. Sci., Part A **2** (1964) 2, S. 731 – 753.

Levantovskaja, I. I., Kovarskaja, B. M., Nejman, M. B., Rozancev, E. G., Jazvikova, M. P., Inhibierung des thermooxydativen Abbaus von Polyamiden mit Hilfe von aromatischen Aminen und Stabilisatoren vom Radikal-Typ. Plastičeskie Massy, Moskva (Plast. Masse) (1964) 3, S. 14 bis 17.

Daruwalla, E. H., Shet, R. T., Untersuchungen über die Kinetik der Entfernung von Wasser aus Cellulosefasern. J. Polymer Sci., Part A 2 (1964) 2, S. 943–955.

Polymerisation

Craubner, H., Hrubesch, A., Biradikalpolymerisation. 1. Biradikalische Polymerisation von Methacrylsäuremethylester mit N-Nitroso-ε-caprolactam als Initiator. Makromol. Chemie **72** (1964) S. 38–52.

Schulz, R. C., Stenner, R. N-Vinyl-nylon-1. Makromol. Chemie **72** (1964) S. 202–204.

Akopjan, A. E., Grigorjan, L. S., Markosjan, N. A., Neues System zur Emulsionspolymerisation von Vinylacetat. Ž. prikl. Chimii (Z. angew. Chemie **37** (1964) 2, S. 408–413.

Funt, B. L., Williams, F. D., Elektroinitiierte anionische Polymerisation von Acrylnitril. J. Polymer Sci. Part A **2** (1964) 2, S. 865–880.

Parker, jr., R. B., Mokler, B. V., Acrylnitril-Vinylidenchlorid-Copolymerisation. J. Polymer Sci., Part B **2** (1964) 1, S. 19–22.

Körösi, J., Über Lactame, Peptide und cyclische Peptide. II. Neue Peptidsynthese unter Verwendung von semicyclischen Amidin-Carbonsäuren. I. Herstellung von N-(ε-Amino-Caproyl)-ε-Amino-Capronsäure und Polycaprolactam. Neue Daten zum Mechanismus der Polycaprolactam-Bildung in Gegenwart von Wasser, Amino-Carbonsäuren und Aminsalzen. J. prakt. Chemie, 4. Reihe **23** (1964) 3/4, S. 212–224.

Wichterle, O., Tomka, J., Šebenda, J., Alkalische Polymerisation des 6-Caprolactams. XII. Über die Polymerisation von 6-Caprolactam und die Kristallisation des gebildeten Polymeren unter adiabatischen Bedingungen. Coll. czechoslov. chem. Commun. **29** (1964) 3, S. 610–624.

Šebenda, J., Mikulová, B., Alkalische Polymerisation von 6-Caprolactam. XIV. Bestimmung der Struktur und Konzentration der Imidgruppen des Polymeren durch säurekatalysierte Hydrolyse. Coll. czechoslov. chem. Commun. **29** (1964) 3, S. 738–751.

Ide, F., Handa, R., Nakatsuka, K., Pfropfcopolymerisation von Acrylaten auf Celluloseacetat. Chem. High Polymers, Tokyo **21** (1964) 225, S. 57 bis 64 (jap.; engl. Zusammenfass.).

Tomioka, J., Shinohara, Y., Pfropfcopolymerisation im homogenen System Polymethylmethacrylat-Styrol nach dem Vorbestrahlungsverfahren. Chem. High Polymers, Tokyo **21** (1964) 225, S. 83–89 (jap.; engl. Zusammenfass.).

Epstein, J. A., Bar-Nun, A., Elektrochemische Pfropfung von Methylmethacrylat auf Cellulose. J. Polymer Sci. Part B **2** (1964) 1, S. 27–28.

Kiuchi, H., Watanabe, M., Über die homogene Polymerisation von Acrylnitril. I. Die durch Azobisisobuttersäurenitril ausgelöste Polymerisation in organischen Lösungsmitteln. II. Die durch Ammoniumpersulfat ausgelöste Polymerisation in organischen Lösungsmitteln. Chem. High Polymers, Tokyo **21** (1964) 225, S. 37–43; 43–48 (jap.; engl. Zusammenfass.).

Kiuchi, H., Uchiyama, H., Über die homogene Polymerisation von Acrylnitril. III. Die Polymerisation in wäßriger Zinkchloridlösung. Chem. High Polymers, Tokyo **21** (1964) 226, S. 114–119 (jap.; engl. Zusammenfass.).

Miyamichi, K., Suzuki, A., Harada, S., Katayama, M., Copolymerisation von Acrylnitril und Natriumallylsulfonat. Chem. High Polymers, Tokyo **21** (1964) 225, S. 79–82 (jap.; engl. Zusammenfass.).

II. Faserstoffe. Ausgangsstoffe usw.

Wir gingen von Baumwolle zu Acrylfasern über. Textile Ind. **128** (1964) 3, S. 72–75.

Naturfaserstoffe

Pflanzenfaserstoffe

Lazareva, S. E., Koroleva, N. D., Möglichkeiten für eine bessere Verwendung von Flachsfasern bei Anwendung des Vorgarnbeuchens. Tekstil. Prom., Moskva (Textil-Ind.) **24** (1964) 1, S. 47–50.

Tierische Faserstoffe

Orlov, I. M., Vil'nina, M. A., Metel'kova, T. V., Die Qualität von Wolle von Feinvlies-Schafrassen, die im Nordkaukasus und in der Autonomen Kalmückischen SSR gezüchtet werden. Tekstil. Prom., Moskva (Textil-Ind.) **24** (1964) 2, S. 18–19.

Zahn, H., Blankenburg, G., Die Wirkung von Alkohol/Wasser-Mischungen auf Wolle. Textile Res. J. **34** (1964) 2, S. 176–177.

Koetter (geb. Walker), U., Untersuchungen über die Beziehungen zwischen Wollertrag und Wollqualität bei Angorakaninchen. Dissertation/Gießen, Landwirtsch. F./v. 14. Mai 1963/Gießen 1963. 84 S. 8°. Ref.: Dt. Nationalbibliogr., Reihe B (1964) 3, S. 263, Nr. 532.

Chemiefaserstoffe

Guser, V. E., Hauptprobleme bei der Verarbeitung von Chemiefasern. Tekstil. Prom., Moskva (Textil-Ind.) **24** (1964) 1, S. 5–10.

Der große Durchbruch. Man-made Textiles **41** (1964) 477, S. 34–36.

Jeffrey, G. M., Gegenwärtige Entwicklungstendenzen der Chemiefasern. Textile Rec. **81** (1964) 973, S. 64–66.

Schmiedeknecht, H., Das Pigmentieren von Chemiefaserstoffen. Teil I. Die Bewertung von Mattierungspigmenten auf Basis Titandioxid. Faserforsch. u. Textiltechnik **15** (1964) 5, S. 215–224.

Regeneratfaserstoffe

Gröbe, A., Jost, H., Klare, H., Reaktionskinetische Untersuchungen bei der Entstehung von Celluloseregeneratfäden. 20. Mitt. Über den Fadenbildungsmechanismus von Viskosekapillarfäden. 3. Teil. Der Zerfall des Cellulosexanthogenates in saurem Medium. Faserforsch. u. Textiltechnik **15** (1964) 5, S. 193–201.

Die neuen polynosischen Fasern Toramomen. Panorama tessile. Milano **1** (1964) 1, S. 4–6.

Timofeev, M. N., Über die Verarbeitung von Viskosefasern. Tekstil. Prom. Moskva (Textil-Ind.) **24** (1964) 2, S. 26–29.

Morimoto, S., Murakami, E., Untersuchung des Spinnmechanismus von Viskose. I. Der Einfluß einiger Ionen auf die wechselseitige Diffusion im System $NaOH-H_2SO_4$. J. Soc. Textile Cellulose Ind. Japan. **20** (1964) 2, S. 87–94 (jap.; engl. Zusammenfass.).

Murakami, E., Untersuchung des Spinnmechanismus von Viskose. II. Wirkungsmechanismus von Viskosemodifikatoren. J. Soc. Textile Cellulose Ind., Japan **20** (1964) 2, S. 87, 94–99 (jap.; engl. Zusammenfass.).

Synthetische Faserstoffe

Žul'kov L. A., Rejn, M. D., Fichman, V. D., Die Polyvinylchloridfaser und ihre Verwendung. Tekstil. Prom., Moskva (Textil-Ind.) **24** (1964) 2, S. 42–45.

Nakamura, Y., Nishiyama, T., Modifikation von Polyvinylchlorid. VIII. Verbesserung der Farbstoffaffinität der PVC-Faser. J. Soc. Textile Cellulose Ind., Japan **20** (1964) 2, S. 117–122 (jap.; engl. Zusammenfass.).

Kononenko, T. V., Rožkova, V. V., Einsatz von Nitron in der Wollindustrie. Tekstil. Prom., Moskva (Textil-Ind.) **24** (1964) 1, S. 19–21.

Die Spandex-Faser Lycra. Panorama tessile, Milano **1** (1964) 1, S. 7–9.

Prati, G., Neue Entwicklungswege der Polyamidfaserproduktion. Panorama tessile, Milano **1** (1963) 0, S. 2–4.

Neues auf dem Gebiet der Vinylfaser. Panorama tessile, Milano **1** (1963) 0, S. 8–10.

Torikai, S., Kubo, M., Mokoyama, E. Einige Eigenschaften der mit Vinylacetat nach dem Vorbestrahlungsverfahren gepfropften Polypropylenfaser und ihrer durch Verseifung erhaltenen Modifikation. Chem. High Polymers, Tokyo **21** (1964) 226, S. 132–137. (jap.; engl. Zusammenfass.).

Philipp, B., Dautzenberg, H., Analytik der Polyacrylnitrilfasern. V. Über eine abgewandelte Reduktionsmethode zur Bestimmung geringer Schwefelmengen in Acrylnitrilpolymerisaten. Anal. chim. Acta. Amsterdam **30** (1964) 4, S. 384–394.

Takeda, H., Nukushina, Y., Der Einfluß der Trocknungstemperatur und Feuchtigkeit auf die innere Struktur der Acrylfaser während des Trocknens. Textile Res. J. **34** (1964) 2, S. 173–175.

III. Spinnerei (Verspinnen)

Pacukov, V. I., Verarbeitung der Polyacrylnitrilfaser Prelana nach dem Streichgarn-Spinnverfahren. Tekstil. Prom., Moskva (Textil-Ind.) **24** (1964) 1, S. 36–37.

Spinnereivorbereitung

Moriyama, A., Auf pneumatischer Wirkung beruhender Trennmechanismus am Zuführzylinder einer Flachkarde. 2. J. Soc. Textile Cellulose Ind., Japan **20** (1964) 1, S. 34–38 (jap.; engl. Zusammenfass.).

Quarmby, J. B., Das Mischen in der Streichgarnspinnerei. Teil II. Textile Rec. **81** (1964) 973, S. 57–58, 81.

Wegener, W., Sprenkmann, W., Betrachtungen über das unterschiedliche elektrostatische Verhalten avivierter Fasern und daraus gezogene Folgerungen für die kontinentale Kammgarnspinnerei. 3. Teil Textil-Praxis **19** (1964) 3, S. 241–247.

Futerman, C. S., Townend, P. P., Einflüsse auf die Nissenbildung beim Lumpenreißen. Teil III. Textile Rec. **81** (1964) 973, S. 54–56.

Makarova, N. F., Rationelle Trocknungswerte für nasse Kenaffaser. Izv. vysšich uč. Zav. Technol. tekstil. Prom. (Hochschulnachr. Technol. Textil-Ind.) (1963) 6, S. 41–47.

Liggett, J. T., Probleme an Hochleistungskarden. Textil-Praxis **19** (1964) 3, S. 256–258.

Ašnin, N. M., Truevcev, N. I., Über die Regulierung des Kardenhackers zwecks Erhalts eines möglichst gleichmäßigen Vlieses. Izv. vysšich. uč. Zav. Technol. Tekstil. Prom. (Hochschulnachr. Technol. Textil-Ind.) (1963) 6, S. 68–74.

Petre, N., Konstruktive und technologische Angaben über die Herabsetzung des Gewichts des Kardentambours. Ind. textilă, București **15** (1964) 1, S. 12–15.

Buturović, I. Ch., Gerät für die Untersuchung der Faserschicht auf der Haupttrommel der Karde. Izv. vysšich uč. Zav. Technol. tekstil. Prom. (Hochschulnachr. Technol. Textil-Ind.) (1963) 6, S. 55–62.

Spinnerei

Chevallard, A., Die Systeme zur Umwandlung von kontinuierlichen Fäden zu Kurzfaserbändern. Panorama tessile, Milano **1** (1963) 0, S. 11–14.

Wegener, W., Peuker, H., Das Faserband-Spinnverfahren. Teil V. Ökonomische Gesichtspunkte. Z. ges. Textilind. **66** (1964) 3, S. 179–189.

Wegener, W., Das Faserband-Spinnverfahren. Dt. Textiltechnik **14** (1964) 4, S. 175–178.

Vicol, C., Neue Anlagen in der Kammgarnspinnerei und ihr Einfluß auf die Qualität der Fäden. Ind. Textilă, București **15** (1964) 1, S. 16–23.

Peukert, J., Mechanisierung der Putz- und Reinigungsarbeiten in Spinnereien. Dt. Textiltechnik **14** (1964) 4, S. 178–183.

Erzeugnisse der Spinnerei

Kobljakov, A. I., Konjukov, P. M., Efros, B. E., Herstellung von Garn hoher Nummern aus einer Mischung von Viskosefasern mit Baumwolle. Tekstil. Prom. Moskva (Textil-Ind.) **24** (1964) 1, S. 11–15.

Neuentwicklungen in Kunstfasergeweben und -garnen. Textile Rec. **81** (1964) 973, S. 67–69, 81.

Fejman, I. I., Vergleichende Analyse der Formeln, die für die Berechnung der Festigkeit von Acetat- und Viskosegarnen vorgeschlagen werden. Izv. vysšich uč. Zav. Technol. tekstil. Prom. (Hochschulnachr. Technol. Textil-Ind.) (1963) 6, S. 18–21.

Eine Möglichkeit, zu sauberen Baumwollgarnen zu gelangen. Textile Ind. **128** (1964) 3, S. 134–136.

Bratt, R. L., Ross, D. A., Story, L. F., Der Einfluß der Stapelfestigkeit auf die Kammgarnbearbeitung. J. Textile Inst. **55** (1964) 3, S. T 165–T 174.

IV. Materialvorbereitung. Texturfadenherstellung, Textilverbundstoffe

Materialvorbereitung

Dvernickij, I. M., Über den Einzwirnungskoeffizienten beim Zwirnen von Elementen gleicher Länge. Tekstil. Prom. Moskva (Textil-Ind. **24** (1964). 1, S. 38–40.

Ramaszéder, K., Untersuchung der Schlichtmaterialien. Magyar Textiltechn. **16** (1964) 3, S. 114–116.

Droganov, M. V., Verwendung von Polyacrylamid beim Schlichten von Baumwollgarn. Tekstil. Prom., Moskva (Textil-Ind.) **24** (1964) 2, S. 36–37.

Veselova, N. D., Černikova, R. A., Verwendung von Polyacrylamid beim Schlichten von Kammgarn. Tekstil. Prom., Moskva (Textil-Ind.) **24** (1964) 2, S. 39–41.

Maslennikov, K. N., Zajceva, E. V., Kanter, D. C., Obuchova, R. N., Bulanova, I. G., Gordeev, N. A., Surnina, N. M., Das Präparat Xylital 0–15 für die Avivage von Viskosestapelfasern, die nach dem Baumwollspinnverfahren verarbeitet werden. Tekstil. Prom. Moskva (Tekstil-Ind.) **24** (1964) 1, S. 40–43.
Ušakova, K. N., Sergeeva, T. F., Ryžova, V. N., Bačukina, F. F., Verarbeitung von Acetatgarnen, die mit verschiedenen Schmälzmitteln behandelt wurden. Tekstil. Prom. Moskva (Textil-Ind.) **24** (1964) 1, S. 15 bis 19.
Kuznecov, O. O., Verwendung einer Latexpaste für eine knotenlose Fadenverbindung. Tekstil. Prom., Moskva (Textil-Ind.) **24** (1964) 2, S. 34–35.
Kattachodžaev, M. M., Analyse der Arbeitsaufwendungen in den Spulereien von Baumwollfabriken. Izv. vysšich uč. Zav. Technol. Tekstil. Prom. (Hochschulnachr. Technol. Textil-Ind.) (1963) 6, S. 11–17.
Zettel, R., Automatische Spulenreinigung direkt an der Webmaschine. Z. ges. Textilind. **66** (1964) 3, S. 194–196.
Skiba, L. A., Schären von Viskose-Textilgarnen von primären Spinnkuchen-Garnkörpern. Izv. vysšich uč. Zav. Technol. legkoj Prom. (Hochschulnachr. Technol. Leichtind.) (1964) 1, S. 3–9.

Texturfadenherstellung

Ribas, M., Hochbauschgarne. Panorama tessile, Milano **1** (1963) 0, S. 14–16.
Umsponnene Elastikgarne. Textile Ind. **128** (1964) 3, S. 57–60.
Dehnfähige Garne und Tuche. Textile Rec. **81** (1964) 973, S. 70–74.

Textilverbundstoffe

Nerge, H., Automation in der Watteindustrie. Melliand Textilber. **45** (1964) 3, S. 223–224.
Howden, J. W., Vliesstoffe — Materialien, Methoden, Absatz. Textile Ind. **128** (1964) 3, S. 69–71.
Zieschang, H., Erfahrungen mit der Nähwirkmaschine Malimo 1600. Dt. Textiltechnik **14** (1964) 4, S. 197–200.

V. Weberei

Weberei

Korobova, K. I., Šarov, M. G., Švec, A. V., Aufnahme der Herstellung von Perkal auf automatischen Webmaschinen. Tekstil. Prom., Moskva (Textil-Ind.) **24** 2, S. 32–33.
Strecker, F., Aus der Webereipraxis. Melliand Textilber. **45** (1964) 3, S. 261 bis 265.
Burklund, G. A., Versetze dies in einen geraden Zustand! Textile Ind. **128** (1964) 2, S. 105, 106, 108.
Orcyn, N. K., Bestimmung der Ausgangswerte für die Projektierung einer Nocken-Fachbildungsvorrichtung. Izv. vysšich uč. Zav. Technol. tekstil. Prom. (Hochschulnachr. Technol. Textil-Ind.) (1963) 6, S. 95–104.
Schumann, K., Die Wirtschaftlichkeit des Großraumschützen. Textil-Praxis **19** (1964) 3, S. 273–276.

Erzeugnisse der Weberei

Go, Y., Matsuhashi, F., Shinohara, A., Grundlegende Untersuchungen über die Gewebebindungen. III. Über die reguläre Köperbindung. J. Soc. Textile Cellulose Ind., Japan **20** (1964) 1, S. 7–14. (jap.; engl. Zusammenfass.).
Onikov, E. A., Saukova, L. A., Gorbunova, E. O., Über die geometrische Methode der Analyse und Struktur von Geweben in Leinwandbindung. Tekstil. Prom., Moskva (Textil-Ind.) **24** (1964) 1, S. 50–55.
Imanov, N. M., Verwendung von Lawsan im Schuß von halbwollenen Kostümstoffen. Tekstil. Prom., Moskva (Textil-Ind.) **24** (1964) 1, S. 55–57.
Aufwärtsentwicklung der Teppichindustrie fördert die synthetischen Fasern. Mit wachsendem Teppichabsatz gewinnen Nylon und Acrylfasern größeren Anteil und die Wollzufuhr bleibt stabil. Chem. engng. News **42** (1964) 7, S. 32–33.
Ross, J. H., Die Zukunft von flexiblen Faserstoffen. Amer. Dyestuff Rep. **53** (1964) 5, S. 37(P178)–41(P182).
Evans, R. W., Die Nottinghamer Spitzenindustrie. Hosiery Trade J. **71** (1964) S, 844, 110–113.
Mehlman, C., „Reform"-Gewebe mit einem oder mehreren Kettfadensystemen. Ind. Textilă, Bucureşti **15** (1964) 1, S. 26–29.
Čemagina, P. F., Sackgewebe neuer Strukturen und ihre Nutzungseigenschaften. Izv. vysšich uč. Zav. Technol. tekstil. Prom. (Hochschulnachr. Technol. Textil-Ind.) (1963) 6, S. 87–94.
Riesnert, W., Gewebefehler, die in der Weberei entstehen — Ursachen und Verhütung. Teil 12. Textil-Praxis **19** (1964) 3, S. 266–271.
Frishman, D. Flauschstoffe. Hosiery Trade J. **71** (1964) 844, S. 119–123.

VI. Wirkerei. Strickerei. Konfektionstechnik. Sonstige Technologien

Wirkerei und Strickerei

Chemiefasern in der Teppichindustrie. Textile Rec. **81** (1964) 973, S. 75–78.
Genzer, M. S., Über eine minimale Maschenlänge auf Hakennadeln. Tekstil. Prom., Moskva (Textil-Ind.) **24** (1964) 2, S. 51–55.
Havas, I., Lázár, K., Technische Gesichtspunkte der Feinheitsverminderung der Kettelmaschinen. Magyar Textiltechn. **16** (1964) 3, S. 104–113.
Vaščinskij, L. K., Božko, A. I., Vorrichtungen am Cottonautomaten für das Einarbeiten, Einfassen und Versetzen des Randes. Izv. vysšich uč. Zav. Technol. legkoj Prom. (Hochschulnachr. Technol. Leichtind.) (1964) 1, S. 93–101.
Long-o-matic — ein elektronisches Gerät zur Erzielung stets gleichmäßiger Strumpflängen und Fußgrößen. Wirk. - Strick.-Technik **14** (1964) 3, S. 121–122.

Erzeugnisse der Wirkerei und Strickerei

Schinkel, R., Strickjersey aus Dralon/Schurwolle 55/45. Wirk.- u. Strick.-Technik **14** (1964) 3, S. 113–115.
Bri-Nylon auf dem Vormarsch zu neuen Einsatzgebieten auf dem Bekleidungssektor. Hosiery Trade J. **71** (1964) 844, S. 102–103.
Stoffentwurf für kontrollierte Ausdehnung. Hosiery Trade J. **71** (1964) 843, S. 125–128.
Pugasej, N. P., Neue Art von Futtergewirken von Rundwirkmaschinen. Tekstil. Prom., Moskva (Textil-Ind.) **24** (1964) 2, S. 45–51.
Maleeva, A. Z., Nevolina, L. V., Technisch-ökonomische Indices der Produktion von Damenstrümpfen aus Kettengewirken. Tekstil. Prom., Moskva (Textil-Ind.) **24** (1964) 2, S. 15–17.

Konfektionstechnik

Wignall, H., Zusammennähen von Socken ohne Abfall. Hoisery Trade J. **71** (1964) 843, S. 145–148.
Cowper, R. M., Wie näht man elastische Stoffe zusammen? Hosiery Times **37** (1964) 418, S. 27, 29.
Sokolov, G. V., Einsatz von synthetischen Fasern bei der Produktion von Seilerwaren. Tekstil. Prom., Moskva (Textil-Ind.) **24** (1964) 2, S. 20–25.
Klust, G., Polypropylen-Netzgarn. Prot. Fischereitechnik 8 (1964) 39, S. 357–416.

VII. Textilveredlung

Das Färben und Ausrüsten von Rundstrickwaren aus Dralon/Schurwolle 55/54. Wirk.- u. Strick.-Technik **14** (1964) 3, S. 125, 126, 128.
Stöckigt, H., Färben und Ausrüsten von Jerseyartikeln aus Polyacrylnitril-Mischgespinsten. Dt. Textiltechnik **14** (1964) 4, S. 206–207.
Schaub, A., Bethoud, R., Druck und Veredlung von Polyamid-Webtrikot. Melliand Textilber. **45** (1964) 3, S. 286–289.

Farbstoffe, Textilhilfsmittel

Kuroiwa, S., Horiguchi, A., Komiyama, H., Untersuchungen über den Dispersionszustand von Farbstoffen und deren Färbeeigenschaften. I. Absorptionsspektren der mit Dispersionsfarbstoffen gefärbten Hochpolymerfilme im sichtbaren Licht. J. Soc. Textile Cellulose Ind., Japan **20** (1964) 1, S. 52–56.
Golomb, L. M., Qualitätsbestimmung von feindispersen Küpenfarbstoffen für die Suspensionsfärbung. Tekstil. Prom., Moskva (Textil-Ind.) **24** (1964) 1, S. 68–72.
Neue Anwendungsverfahren von Indigosol beim Färben von Geweben. Fibre e Colori, Milano **14** (1964) 2, S. 43–49.
Derbyshire, A. N., Graham, J. G., Procilanfarbstoffe — neue reaktive Metallkomplexfarbstoffe für Wolle. SVF-Fachorgan Textilveredl., Basel **19** (1964) 2, S. 116–123.
Schiffner, R., Borrmeister, B., Eine neue Methode zur quantitativen Bestimmung kationischer Farbstoffe. Faserforsch. u. Textiltechnik **15** (1964) 5, S. 211–214.
Schiffner, R., Textilhilfsmittel in der Volksrepublik Bulgarien. Dt. Textiltechnik **14** (1964) 4, S. 208.
Frieser, E. P., Hilfsmittel beim Naphtol-AS-Färben. Chemischreiniger u. Färber/Färber-Ztg. **17** (1964) 3, S. 116–117.

Bleicherei. Sonstige Vorbehandlungsarbeiten der Textilveredlung

Bayha, E. P., Hubbard, L. R., Martin, W. H., Technische Verfahren zur Herabsetzung des örtlich begrenzten Schadens bei Baumwollmaterialien während des Bleichens mit Wasserstoffsuperoxid. Internat. Dyer, Textile Printer, Bleacher, Finisher **131** (1964) 7, S. 529–535.

Färberei

Sadov, F. I., Balašova, T. D., Der Einfluß der Hilfsmittel auf den Desorptionsprozeß hydrolysierter Reaktivfarbstoffe von gefärbten Cellulosegeweben. Tekstil. Prom., Moskva (Textil-Ind.) **24** (1964) 2, S. 58–61.
Mueller, J., Das Färben von Polyester-Cellulose-Mischgeweben mit Polyestren-Farbstoffen nach dem Thermosol-Verfahren. Fibre e Colori, Milano **14** (1964) 2, S. 53–58.
Englisch, G., Zusammenstellung moderner Färbeverfahren für Cellulose und synthetische Fasern, sowie deren Mischungen. SVF-Fachorgan Textilveredl., Basel **19** (1964) 2, S. 108–114.
Frische, J., Zeiger, W., Das Echtfärben von Halbwolle. Dt. Textiltechnik **14** (1964) 4, S. 201–205.
Rosenbaum, S., Die Rolle der aktiven Zentren beim Färben. Teil I. Gleichgewichte, Geschwindigkeiten und ihre gegenseitige Beeinflussung. Textile Res. J. **34** (1964) 2, S. 159–167.
Ehlert, J., Neuere Erfahrungen beim Färben von elastomeren Fasern und deren Mischungen mit anderen Fasern. Z. ges. Textilind. **66** (1964) 3, S. 206 bis 211.
Scholz, Vergleiche zur Ermittlung des Welthöchststandes. Die Garnfärberei. Dt. Textiltechnik **14** (1964) 4, S. 218–219.
Balašova, T. D., Sadov, F. I., Untersuchung des Prozesses der Entfernung von hydrolysierten Aktivfarbstoffen aus gefärbten Cellulosefasern. Mitt. 2. Izv. vysšich uč. Zav. Technol. tekstil. Prom. (Hochschulnachr. Technol. Textil-Ind.) (1963) 6, S. 130–135.

Druckerei

Nebarov, V. N., Vlasova, E. F., Kozlova, L. P., Kulagina, N. I., Verwendung einer Emulsionsverdickung Wasser-Öl im Druck mit unlöslichen Azofarbstoffen und mit Anilin-schwarz. Tekstil. Prom., Moskva (Textil-Ind.) **24** (1964) 2, S. 62–64.
Sadov, F. I., Gandurin, L. I., Untersuchung verschiedener Reduktionsmittel unter den Bedingungen des Zweiphasen-Druckverfahrens mit Küpenfarbstoffen. Tekstil. Prom., Moskva (Textil-Ind.) **24** (1964) 1, S. 72–77.
Die Vorbereitung der Rahmen zum Lyon-Druck. Fibre e Colori, Milano **14** (1964) 2, S. 50–52.
Koshimo, A., Kakishita, T., Bedrucken von Nylon. Teil I. Einfluß von Farbstoffen und Verdickungsmitteln auf das Aufziehverhalten. Teil II. Einfluß von Nafka Crystal Gum auf das Färben. J. Soc. Textile Cellulose Ind., Japan **20** (1964) S. 1, 39–47; 39, 47–51 (jap. engl. Zusammenfass.).
Dimov, K., Detschewa, R., Über einige Gesetzmäßigkeiten beim Reservedruck mit Naphtolfarbstoffen. Textil-Praxis **19** (1964) 3, S. 280–284.
Feess, E., Der Zweiphasendruck mit Küpenfarbstoffen. Teil III. Theoretische Grundlagen und praktische Anwendung. Melliand Textilber. **45** (1964) 3, S. 296–299.
Mc Cartney, J., Probleme beim Drucken mit Reaktivfarbstoffen. Textile Rec. **81** (1964) 973, S. 60–62.
Ruf, R., Thermosolierung von Drucken auf Cellulose- und synthetischen Fasern. Melliand Textilber. **45** (1964) 3, S. 289–295.
Hünlich, R., Filmdruck in Verbindung mit Beflockung. Textil-Rdsch., St. Gallen **19** (1964) 2, S. 75–79.
Kassack, F., Reich, F., Schmitz, A., Heyl, G., Lüttgens, G., Textile Oberflächenveredlung durch Beflockung. SVF-Fachorgan Textilveredl., Basel **19** (1964) 2, S. 74–107.

Stransky, L., Gestaltung plastischer Dekorationsmuster. Jenná Mechanika i. Optika (1963) 8; Ref.: Presse d. SU, Ausg. A, Berlin (1964) 40, S. 905 bis 906.

Ausrüstung. Trocknung

Chapin, J. C., Bestimmung von Kupfer-8-Oxychinolin in behandeltem Material durch potentiometrische Titration von 8-Oxychinolin. Amer. Dyestuff Rep. **53** (1964) 5, S. 19(164)–21(166).

Weiszburg, J., Die einheimische Praxis der Mercerisierung. Magyar Textiltechn. **16** (1964) 3, S. 124–126.

Kullman, R. M. H., *Reinhardt, R. M.*, *Reid, J. D.*, Die Beständigkeit der „wash-and-wear"-Eigenschaften der mit Dimethyläthylencarbamat nach dem Verfahren der Nachhärtung ausgerüsteten Baumwolle. Amer. Dyestuff Rep. **53** (1964) 5, S. 22(167)–23(168).

Tauss, K. H., Die technische Entwicklung von Corval und Prestwick. Amer. Dyestuff Rep. **53** (1964) 5, S. 30(P 171)–36(P 177).

Otto, E., Beiträge zur Kenntnis der Reaktionsfähigkeit der Zellulose im Hinblick auf die Hochveredlung. Die Anwendung von Dextran bei der Textilausrüstung. Dissertation/Leipzig, Math.–naturwiss. F./v. 18. Dez. 1963 (Nicht f. d. Aust.) Leipzig 1963. 94 gez. Bl. mit eingekl. Abb. 4° [Maschinenschr. vervielf.] Ref.: Dt. Nationalbibliogr., Reihe B (1964) 5, S. 465, Nr. 612.

Rebenfeld, L., Ausrüstungsbehandlungen von Einzelfasern aus Viskosekunstseide, Einflüsse der Spannung. Textile Res. J. **34** (1964) 2, S. 168–171.

Marincu, M., Über die Veredlung von Geweben mit einem Gehalt von 45% Wolle und 55% Polyacrylnitrilfasern. Ind. textilă, Bucureşti **15** (1964) 1, S. 36–37.

Steidl, R., Wie beeinflussen Bleichen und Färben den späteren Rauhvorgang? Melliand Textilber. **45** (1964) 3, S. 200–303.

Schiecke, H. E., Permanente Fixierung von Geweben aus Wolle. Z. ges. Textilind. **66** (1964) 3, S. 211–218.

Bundesmann, H., Skizzierung einiger Spezialausrüstungsverfahren zur Erhöhung des Gebrauchswertes von Textilien. Prakt. Chemie, Wien **15** (1964) 1, S. 22, 24, 27, 28.

Gralén, N., Das Fixieren von Textilgewebe. Textil-Rdsch., St. Gallen **19** (1964) 2, S. 59–68.

Earland, Ch., Die chemische Anti-Filz-Reaktion für Wolle. Textile Res. J. **34** (1964) 2, S. 177–178.

Wäscherei. Chemische Reinigung

Parish, G. J., Ein einfaches Analogon für eine Waschanlage. J. Textile Inst. **55** (1964) 3, S. T175–T184.

Kaesler, K., Wirtschaftliches Reinigen. Chemischreiniger u. Färber/Färber-Ztg. **17** (1964) 3, S. 104–106.

Huemer, K., Kaltspülen – ja oder nein? Wäscherei **11** (1964) 3, S. 74–77.

Downing, W. R., Vom Sauberkeitszustand. Teil II. Chemischreiniger u. Färber/Färber-Ztg. **17** (1964) 3, S. 112, 114, Übers. a. d. Engl.: Drycleaning World, Juni 1963, S. 34ff. August 1963. S. 42ff.

VIII. Werkstoffprüfung. Meß- und Prüftechnik. Standardisierung

Eigenschaften und Fehler der Textilmaterialien u. a.

Kudrjavcev, D. S., Zum Problem der Bekämpfung der statischen Elektrizität in der Textilindustrie. Tekstil. Prom., Moskva (Textil-Ind.) **24** (1964) 1, S. 22–23.

Kryszewski, M., Elektrische Eigenschaften des Polyacrylnitrils. Plaste u. Kautschuk **11** (1964) 4, S. 202–205.

Sadykova, F. Ch., Einige mechanische und physikalische Eigenschaften von Kapron-Kräuselfäden des Typs Elastik. Tekstil. Prom., Moskva (Textil-Ind.) **24** (1964) 1, S. 77–83.

Šalov, I. I., Über die Beurteilung der Bauschigkeit von Garnen und Trikotagen. Tekstil. Prom., Moskva (Textil-Ind.) **24** (1964) 1, S. 24–27.

Grečuchina, N. A., Über einige Eigenschaften von Trikotagen aus Hochbauschgarn. Tekstil. Prom., Moskva (Textil-Ind.) **24** (1964) 1, S. 65–68.

Kimura, H., *Yoneyama, M.*, *Yasuzuka, K.*, Untersuchungen über Stretchgarne. VI. Über das Ringelverhalten eines multifilen Modelles. VII. Betrachtung über die charakteristischen Krümmungspunkte. J. Soc. Textile Cellulose Ind., Japan **20** (1964) 2, S. 76–82; 76, 82–86 (jap.; engl. Zusammenfass.).

Shirakashi, K., *Kuriyama, I.*, *Ishikawa, K.*, Untersuchung der Heißbehandlung von verstreckten Polyäthylenterephthalatfasern. 2. Temperaturabhängigkeit des photo-viskoelastischen Verhaltens bei verstreckten und heißbehandelten Polyäthylenfäden. J. Soc. Textile Cellulose Ind., Japan **20** (1964) 1, S. S. 15–22 (jap.; engl. Zusammenfass.).

Furusato, K., *Osawa, N.*, Untersuchungen über das Ermüden des Garnes beim Webprozeß. Teil 4. Beziehungen zwischen dem Verhalten des Garns und den Bedingungen, unter denen das Weben unterbrochen wird. J. Soc. Textile Cellulose Ind., Japan **20** (1964) 1, S. 28–33 (jap.; engl. Zusammenfass.).

Baršaj, M. S., Einige Eigenschaften von Trikotagen aus Wollgarn mit Lawsan. Tekstil. Prom., Moskva (Textil-Ind.) **24** (1964) 1, S. 58–60.

Rajko, Z., Untersuchung der Gleichmäßigkeit der Baumwollgewebe. Magyar Textiltechn. **16** (1964) 3, S. 131–135.

Takaoka, A., Färbeeigenschaften von Acrylfasern. 2. Einflüsse von thermischen Behandlungen der Acrylfaser auf die Fasereigenschaften. J. Soc. Textile Cellulose Ind., Japan **20** (1964) 2, S. 100–105 (jap. engl.; Zusammenfass.).

Takaoka, A., *Fujisawa, N.*, Färbeeigenschaften von Acrylfasern. 3. Einflüsse von thermischen Behandlungen der Acrylfaser auf die Farbstoffdiffusion und Adsorptionsisothermen. J. Soc. Textile Cellulose Ind., Japan **20** (1964) 2, S. 2, 100–101, 105–110 (jap.; engl. Zusammenfass.).

Fuchino, K., *Nakamichi, H.*, Untersuchungen der thermischen Spannungen in Textilien. Teil I. Veränderung der thermischen Spannung in verstreckten Polypropylenmonofilen. J. Soc. Textile Cellulose Ind., Japan **20** (1964) 2, S. 67–75 (jap.; engl. Zusammenfass.).

Tanaka, Y., Untersuchungen über den Lichtabbau von Polypropylenfasern. J. Soc. Textile Cellulose Ind., Japan **20** (1964) 2, S. 111–116 (jap.; engl. Zusammenfass.).

Blumstein, A., Photoelastische Eigenschaften von starkvernetzten Netzwerken. J. Polymer. Sci., Part A 2 (1964) 2, S. 769–784.

Simpson, J., *DeLuca, L. B.*, *Fiori, L. A.*, *Louis, G. L.*, Faserhäkchen – ihr Einfluß auf die Garneigenschaften und Fadenbrüche beim Spinnen. Textile Ind. **128** (1964) 3, S. 78–83, 85, 86.

Untersuchung über die Kennwerte der Acrylfaser. Panorama tessile, Milano **1** (1963) 0, S. 5–8.

Richards, J. R., *Mancke, R. G.*, *Ferry, J. D.*, Dynamisch mechanische Eigenschaften einiger Äthylen-Propylen-Copolymerer. J. Polymer Sci. Part B **2** (1964) 2, S. 197–202.

Machkamov, J., *Penenžik, M. A.*, *Virnik, A. D.*, *Rogovin, Z. A.*, Ausarbeitung von Methoden zur Verbesserung der Lichtechtheit von Baumwoll- und Acetylcellulosegeweben. Izv. vysšich uč. Zav. Technol. tekstil. Prom. (Hochschulnachr. Technol. Textil-Ind.) (1963) 6, S. 113–117.

Salivon, N. I., *Kazanskij, M. F.*, Der Einfluß verschiedener Formen des Feuchtigkeitszusammenhangs auf die wärmephysikalischen Eigenschaften einiger Baumwollgewebe. Izv. vysšich uč. Zav. Technol. legkoj Prom. (Hochschulnachr. Technol. Leichtind.) (1964) 1, S. 48–53.

Munakata, H., Die Spannungsrelaxation und Fixierung von Wollfasern unter besonderer Berücksichtigung ihrer Struktur und der mechanischen Eigenschaften. Textile Res. J. **34** (1964) 2, S. 97–109.

DeLuca, L. B., Die wahren Reißfestigkeiten (intrinsic tenacities) von natürlichen Cellulosefasern. Textile Res. J. **34** (1964) 2, S. 110–116.

Vékássy, A., Die Beziehungen zwischen den physikalisch-mechanischen Kenndaten und der Struktur der Wirkwaren. Ind. textilă, Bucureşti **15** (1964) 1, S. 31–35.

Poller, D., *McDougall, R. I.*, Zugverhalten von Polypropylen-Textilfasern. Textile Res. J. **34** (1964) 2, S. 117–123.

Lee, J. S., *Finkner, M. D.*, Trageeigenschaften von Neu-Mexiko-Wollen. Teil III. Einige Eigenschaften des Griffs und des Aussehens. Textile Res. J. **34** (1964) 2, S. 124–143.

Zurek, W., *Szemik, H.*, Einige Gesichtspunkte über die Scheuereigenschaften von Baumwollgeweben. Textile Res. J. **34** (1964) 2, S. 143–152.

Zolotarevskij, L. T., Der Einfluß von mechanischen Einwirkungen im Webprozeß auf die Veränderung der technologischen Eigenschaften von Kettfäden. Izc. vysšich uč. Zav. Technol. tekstil. Prom. (Hochschulnachr. Technol. Textil-Ind.) (1963) 6, S. 105–112.

Vermeiden von Pillingbildung. Prakt. Chemie, Wien **15** (1964) 2, S. 86, 88.

Meß- und Prüftechnik

Köbele, A., Pneumatische Verstärker. ATM. Arch. techn. Messen ind. Meßtechnik (1964) 336, S. 13–16.

Computer-Farben – durch die Fa. Coats. Hosiery Times **37** (1964) 418, S. 37, 39, 43.

Merényi, G., Über die Wechselwirkung der Spannungsänderungen und der Ballondeformation beim Spinnen. Magyar Textiltechn. **16** (1964) 3, S. 97 bis 103.

Morozovskaja, I. S., Neue Geräte und Methoden für die Beurteilung der Verschleißfestigkeit von Textilien. Tekstil. Prom., Moskva (Textil-Ind.) **24** (1964) 2, S. 75–76.

Belen'kij, L. I., *Andreeva, L. G.*, Konzentrationsbestimmung von Dispersionsfarbstoffen in binären Gemischen. Tekstil. Prom., Moskva (Textil-Ind.) **24** (1964) 2, S. 66–71.

Elsworth, F. F., Chemische Prüfung und Analyse von Fasermischungen. Textile Inst. Ind. **2** (1964) 3, S. 50–53.

Nemura, A. A., *Nenorta, A. K.*, Kontinuierliche Messung des Gewichts und des Feuchtigkeitsgehalts eines sich bewegenden Textilbandes mit Hilfe eines Kondensatorindikators und einer Zähl-Lösevorrichtung. Tekstil. Prom., Moskva (Textil-Ind.) **24** (1964) 2, S. 77–81.

Rau, J., *Eckstein, K.*, Hat die Restfeuchtigkeit beim Hochveredeln von Baumwollgeweben einen Einfluß auf Knitterwinkel und Festigkeit? Textil-Praxis **19** (1964) 3, S. 284–290.

Schmidt, H., Methode zur Messung des Glätteffektes gepreßter Wäschestoffe. Wäschereitechnik u. -chemie **17** (1964) 4, S. 208–214.

Pugačevskij, G. F., Luftdurchlässigkeit von Hemdenstoffen. Tekstil. Prom., Moskva (Textil-Ind.) **24** (1964) 2, S. 72–75.

Volodina, L. A., *Ključarev, S. V.*, *Dmitriev, S. A.*, *Javorskij, B. M.*, Spektrophotometrische Untersuchung der Auswählbarkeit von Direktfarbstoffen durch Zellwollware. Izv. vysšich uč. Zav. Technol. tekstil. Prom. (Hochschulnachr. Technol. Textil-Ind.) (1963) 6, S. 124–129.

Kehren, M., Zum Problem des Kupfergehaltes in Gummierungsware. Z. ges. Textilind. **66** (1964) 3, S. 202–205.

Kruger, P. J., *Onions, W. J.*, *Townend, P. P.*, Faktoren, die das Einschlagen der Fasern in die Nadeln beeinflussen. J. Textile Inst. **55** (1964) 3, S. T 192–T 204.

Monfort, F., Anpassung von γ-Verteilungen bei der Messung des Faserdurchmessers von Wollkammzügen. J. Textile Inst. **66** (1964) 3, S. T 185 bis T 191.

Modestova, T. A., *Buzov, B. A.*, Zur Frage der geometrischen Veränderung eines Gewebes bei seiner Dehnung. Izv. vysšich uč. Zav. Technol. tekstil. Prom. (Hochschulnachr. Technol. Textil-Ind.) (1963) 6, S. 22–28.

Hall, I. H., Eine Maschine zur Bestimmung der Spannungs-Dehnungskurve feiner Garne in einem weiten Bereich der Temperatur und der Dehnungsgeschwindigkeit. J. sci. Instrumentes **41** (1964) 4, S. 211–214.

Semak, B. D., Untersuchung der physikalisch-mechanischen Eigenschaften von Sommerkleiderstoffen aus unterschiedlicher Faserzusammensetzung. Izv. vysšich uč. Zav. Technol. tekstil. Prom. (Hochschulnachr. Technol. Textil-Ind.) (1963) 6, S. 29–35.

Lörcher, O., Stand der Dehnungsprüfung von Garnen und Zwirnen. Spinner, Weber. Textilveredlung **82** (1964) 3, S. 209–212.

Bobeth, W., *Piechottka, G.*, *Heger, A.*, Vergleichende Auswertung von Scheueruntersuchungen am Reibungspulsator nach der gravimetrischen und der β-Strahlenabsorptionsmethode. Faserforsch. u. Textiltechnik **15** (1964) 5, S. 225–230.

Koval'skij, A. G., Scheuerprüfung von Obertrikotagen. Mitt. 2. Der Charakter der Zerstörung von Fasern und Garn in Trikotagen. Izv. vysšich uč. Zav. Technol. legkoj Prom. (Hochschulnachr. Technol. Leichtind.) (1964) 1, S. 22–27.

Belov, M. F., Über die Reibkraftfelder und die Verzugskraft in einer Streckzone mit gekrümmtem Feld. Izv. vysšich uč. Zav. Technol. tekstil. Prom. (Hochschulnachr. Technol. Textil-Ind.) (1963) 6, S. 75–86.

Lejtes, L. G., *Žil'cova, G. V.*, *Tichomirova, V. I.*, Belag und Flor als Schutzfaktor der Gewebe vor der Einwirkung von Licht und Witterung. Izv. vysšich uč. Zav. Technol. tekstil. Prom. (Hochschulnachr. Technol. Textil-Ind.) (1963) 6, S. 36–40.

Standardisierung. Terminologie

Heinen, W., Das neue Wollkennzeichnungsgesetz und seine Problematik. Melliand Textilber. **45** (1964) 3, S. 248–249.

2500
mm
2000
1500
1000
500
0

31712

Marvelan SF Spezial

unsere neueste Entwicklung auf dem Gebiet der Weichmacher. Sie erzielen damit bei allen Faserarten, insbesondere aber bei vollsynthetischen Fasern und Seiden, eine ausgezeichnete Weichheit. Gleichzeitig werden antistatische Effekte erzielt.

Marvelan SF Spezial

wird auch erfolgreich als Präparationsmittel oder Präparationskomponente bei der Faserherstellung und bei der Endausrüstung von Web- und Wirkware eingesetzt.

Wir informieren Sie gern persönlich.

FETTCHEMIE
Textilhilfsmittel

VEB FETTCHEMIE · KARL-MARX-STADT · DEUTSCHE DEMOKRATISCHE REPUBLIK

FSC
www.fsc.org
MIX
Papier | Fördert gute Waldnutzung
FSC® C083411

Zeitfracht Medien GmbH
Ferdinand-Jühlke-Straße 7
99095 Erfurt, Deutschland
produktsicherheit@kolibri360.de